자연에서 배우는 정원

자연에서 배우는 정원

암석원 · 습지원 · 그늘정원

초판 1쇄 2017년 5월 17일
초판 2쇄 2021년 3월 17일
지은이 김봉찬
펴낸이 박명권
펴낸곳 도서출판 한숲 | **신고일** 2013년 11월 5일 | **신고번호** 제2014-000232호
주소 서울특별시 서초구 방배로 143, 2층
전화 02-521-4626 | **팩스** 02-521-4627 | **전자우편** klam@chol.com
편집 남기준 | **디자인** 팽선민
출력 · 인쇄 (주)금석커뮤니케이션스

ⓒ김봉찬, 2017
ISBN 979-11-87511-09-0 03520

* 파본은 교환하여 드립니다.
* 이 도서의 국립중앙도서관 출판예정도서목록(CIP)은 서지정보유통지원시스템 홈페이지(http://seoji.nl.go.kr)와
  국가자료공동목록시스템(http://www.nl.go.kr/kolisnet)에서 이용하실 수 있습니다(CIP제어번호 : CIP2017011251).

값 22,000원

자연에서 배우는 정원

암석원·습지원·그늘정원

식물과 생태에 대한
이해를 바탕으로
돌과 물, 그늘을 활용한
정원을 디자인하다.

한숲

김봉찬 지음

자연이 품고 있는 산과 계곡은
나의 연구실이며, 영원한 스승이자 영감의 원천이다.

책을 펴내며

대학에서 식물 분류와 생태를 공부하던 시절, 나에게 연구실은 산과 계곡이었다. 틈만 나면 산을 찾았고 선배들이 논문 준비로 산을 오를 때마다 짐꾼을 자처하며 따라다니곤 했다. 전국을 다니며 자생식물의 서식처와 희귀식물을 조사했고 졸업 후 식물원에서 일할 때에도 한라산, 설악산은 물론 백두산, 압록강, 두만강 일대의 식물을 수집하고 생태를 연구하는 일원으로 활동했다. 발로 누비고 눈으로 보는 것이 좋았고 새로운 식물을 만나는 일이 새로운 친구를 얻는 것 마냥 재미있고 신이 났다.

　　정원에 관심을 둔 것은 첫 직장이었던 여미지식물원에 입사한 후였다. 온실의 연못 청소를 모면하기 위해 꾀를 낸 것이 수생식물을 이용한 수질 정화였고, 그걸 위해 식물원에 구비되어 있던 외국의 정원 서적을 보기 시작한 것이 계기가 되었다. 피터 로빈슨Peter Robinson의 『워터 가드닝Water Gardening』과 헬렌 내쉬Hellen Nash의 『더 폰드 닥터The Pond Doctor』는 나의 첫 번째 정원 스승이 되어 주었다.

　　성공적으로 연못정원을 조성하고 난 후 정원에 대한 관심은 더욱 커져 갔다. 산과 계곡을 누비며 황홀했던 기분을 내 주변의 가까운 곳에서 재현해 낼 수 있다는 것이 신기했고 내가 느꼈던 근사한 감정들을 많은 사람들과 나누고 공유하고 싶었다. 그때부터 정원과 관련된 서적들을 닥치는 대로 읽어나갔는데 특히 당시만 해도 생소했던 고산식물 조성 기술은 대단히 흥미로웠다. 북미암석원협회North American Rock Garden Society의 자료와 던컨 로위Duncan Lowe의 『락 가드닝Rock Gardening』을 줄을 쳐가며 읽고 또 읽었던 기억이 선명하다.

1999년 평강식물원 소장으로 일을 시작하면서 나는 머릿속으로 그리던 정원을 직접 만들어보는 기회를 얻게 되었다. 다양한 정원 서적을 공부했지만 실제로 십만 평에 이르는 대규모의 정원을 만드는 일은 가슴 뛰면서도 험난한 모험이었다. 그러나 오랫동안 산과 계곡을 누비고 다닌 경험은 나에게 또 다른 스승이 되어주었다. 정원의 근간은 결국 생태에 대한 이해와 배려임을 알게 되었고 그 후로도 내가 만난 많은 정원에서 자연은 나에게 좋은 영감과 조성 기술을 제공해 주었다.

2007년 조경회사 더가든을 설립하고 지금까지 나는 꾸준히 정원을 계획하고 만들고 있다. 매번 서로 다른 목적과 양식의 정원을 만들고 있지만 처음 정원을 공부할 때처럼 좋은 것을 함께 하려는 마음은 여전히 그대로다. 이 책 또한 그 연장선에 있으며 나의 경험과 작은 지식을 나누고자 시작된 일이다.

정원 선진국의 뛰어난 기술과 오랜 역사에 비하면 이 책은 보잘 것 없다. 그러나 정원은 생각보다 영역이 광대하고 다양한 분야의 기술과 이론이 접목되어 있어 공부를 시작하는 단계에서 길을 잃고 어려움을 겪는 이들이 많다. 이 책은 2015년부터 2년 동안 '환경과조경'의 자매지인 월간 『에코스케이프』에 연재한 글을 모아 엮은 것으로 30여 년간 식물과 정원을 공부하고 여러 현장에서 배우고 익힌 경험을 바탕으로 정리하였다. 정원을 사랑하고 정원을 공부하는 이들에게 작은 도움이 되길 바란다.

마지막으로 전국을 다니는 동안 끝까지 믿고 도와준 아내와 두 어머님, 나와 같이 정원을 공부하는 규성과 물리학에 심취한 문성 두 아들에게 고마움을 전한다. 또 평강식물원을 계획하고 만들어 볼 수 있는 기회를 주신 평강한의원 이환용 원장님, 평강식물원에 함께 열정을 바친 고 남기채님, 이 책이 나오기까지 고생하며 글을 정리해준 고설, 그리고 오늘도 나와 함께 정원을 만들어가고 있는 더가든의 신준호, 조원희, 편지영, 김은영, 강나영 모두에게 감사의 말을 전한다.

2017년 5월
지은이 김 봉 찬

암석원
Rock Garden

백두산 정상에는 숲이 없다. 아름드리나무가 울창한 숲을 이루고 있을 것이라 기대하며 산을 오르는 사람들은 백두산 정상의 공허함에 조금 놀랄지도 모르겠다. 이곳은 해발 2,500m가 넘는 높은 산으로 그 정상부는 나무가 더 이상 자랄 수 없는 수목한계선 이후의 땅이다. 강한 바람과 극심한 추위의 거친 땅, 우리는 이곳을 고산지대Alpine Zone라 부른다.

그러나 천지의 빙하가 녹아 흐르는 차가운 계곡물과 광대하게 펼쳐진 평원 그리고 거친 암석지대는 또 다른 감동을 준다. 그리고 매년 6월이 되면 이곳에도 어김없이 봄이 찾아와 수많은 야생화들이 온 산을 뒤덮는다. 약 3개월 정도의 짧은 기간이지만 매서운 바람이 휘몰아치던 황량한 들판은 파스텔 톤의 화사한 색채로 물이 들어 말 그대로 꽃밭을 이룬다.

백두산 고산지대를 가득 메우고 있는 이 식물들을 고산식물Alpine Plants이라고 한다. 고산식물은 기후적으로 한대 북부 및 툰드라 지역에 광범위하게 분포하는데 시베리아, 알래스카를 비롯해 히말라야, 알프스, 로키산맥 등이 대표적인 서식처다. 자생종만 해도 수만 종에 이르는 광범위한 식물 집단이다.

새로운 소재를 갈망하는 정원 애호가들에게 고산식물은 대단히 매력적이다. 사람이 접근하기 어려운 높은 산악지대나 고위도 지역에 자생하는 희귀성과 더불어 독특한 형태와 크고 아름다운 꽃은 특별한 가치를 지닌다. 하지만 고산식물을 재배하는 일은 생각보다 어렵다. 추운 곳에 적응해 살아오던 고산식물에게 난대지역이나 온대지역의 기후는 오히려 혹독하기 때문이다. 고산식물을 정원에 심으면 봄철에는 생육이 왕성할 수 있지만 여름의 무더위와 다습한 장마철 기후는 고산식물을 죽음으로 몰아넣을 수 있다.

그러나 유럽이나 북미를 여행하면서 우리는 어렵지 않게 고산식물을 만나게 된다. 오래전부터 고산식물에 열광하고 그 재배와 육종을 위해 노력해 온 정원 선진국들은 고산식물의 생태를 연구하고 도입하여 저지대에서도 고산식물을 전시할 수 있는 정원 조성 기법을 개발해냈다. 또 고산식물과 유사한 생육 환경을 보이는 다육식물과 같은 암석식물을 함께 전시하였는데 이렇게 조성된 정원이 바로 암석원Rock Garden이다. 영국의 위슬리 가든, 큐 가든, 미국의 뉴욕 식물원 등의 암석원은 고산식물을 전시하는 대표적인 암석원으로 현재까지도 수천 종에 이르는 고산식물이 안정적으로 전시되고 있다.

백두산 고산지대의
노랑만병초(*Rhododendron aureum*) 군락

01.
암석원의 주인공, 고산식물

고산식물

고산지대 및 고산지대와 동일한 기후 환경에서 자생하는 식물을 고산식물Alpine Plants이라고 한다. 고산지대란 일반적으로 난·온대 및 열대지방의 해발이 높은 산악지대로 침엽수림이 끝나고 더 이상 교목이 서식할 수 없는 수목한계선 이후의 지대를 말한다. 그러나 시베리아, 알래스카 등지의 고위도 지역은 기온이 매우 낮아 저지대나 해안지대에서도 고산지대와 동일한 기후 환경을 형성한다. 때문에 저지대에서도 고산지대와 동일하거나 유사한 식물들이 생육한다.

고산식물의 특징

고산지대의 환경은 혹독하다. 그곳은 1년 중 절반 이상이 차디찬 빙설에 덮여 있다. 봄은 저지대에서 여름이 시작되는 6월 말경에야 시작되고 그나마 9월이 되면 다시 겨울이 찾아온다. 식물이 생육할 수 있는 기간은 기껏해야 3개월에 불과하다.

그 짧은 시간 동안 새잎을 내고 광합성을 하고 꽃을 피우고 열매를 맺으려면 고산식물들은 몹시 분주해진다. 미처 잎을 다 키우기 전에 다시 매서운 바람이 휘몰아쳐 어린잎들을 얼게 할지도 모를 일이다. 그래서 고산식물 중에서 많은 종류가 상록으로 지낸다.

상록성 식물들은 봄이 시작되면 새잎을 키우는 준비 단계를 생략하고 바로 광합성을 시작할 수 있다. 그래야 빠른 시간 내에 효과적으로 일을 마무리 할 수 있다. 다만 혹독한 추위를 이겨내려면 잎이 튼튼해야 하므로 대부분 표피가 두껍고 큐티클 층이 발달해 있다. 또 잎이 치밀하고 털이 많이 나있어 기공의 수분 증발을 억제하는 특징을 보인다.

영국 위슬리 가든(Wisley Garden) 암석원

세덤 필로숨
(*Sedum pilosum*)

매서운 바람을 피하기 위해 식물들은 지면 가까이 낮게 자란다. 목본식물의 경우 왜성으로 최대 1m를 넘기지 않고 대부분 15cm 이내의 키를 갖는다. 초본식물은 바닥에 가깝게 붙어 자라는 매트형mat forming이나 장미꽃처럼 잎이 돌아가며 붙어나는 로제트형rosette forming을 보인다.

그러나 생육 형태만으로는 극단적으로 낮은 기온에 적응하는 데 한계가 있다. 고산식물은 형태와 더불어 식물조직 내에서 용질의 농도를 증가시켜 겨울철 식물이 얼지 않도록 스스로를 조절한다. 이러한 현상을 응고점내림freezing point depression 현상이라 하는데 이는 순수한 물보다 용질의 농도가 높은 바닷물이 더 낮은 온도에서 어는 현상을 말한다.

더불어 고산식물은 지상부(잎이나 줄기)보다 지하부, 즉 뿌리가 상대적으로 발달한다. 고산지대의 토양은 열대나 난·온대에 비해 매우 빈약한데 유기물이 풍부한 표토층은 거의 없고 자갈밭이거나 사질 또는 암석부스러기인 토양이 대부분이다. 이러한 토양 여건은 고산식물의 뿌리를 보다 깊고 두껍게 자라게 해 지상부보다 지하부가 더 발달하는 현상이 나타나게 된다.

다육식물

암석지, 사막, 바닷가 사구와 같은 건조한 환경에서 생육하는 식물들 중에서 식물의 각 기관이 여러 형태로 비대해져 함수량이 많은 유조직이 되어 저장기관으로 발달한 식물이다. 고산식물의 서식처와 기후 환경은 다르지만 토양 조건이 유사해 고산식물을 전시하는 암석원에 같이 이용할 수 있다.
예) 바위솔류Orostachys, 돌나물류Sedum 등

고산식물의 특징

1. 대부분 상록성이다.
2. 식물체는 작고 지면에 낮게 붙어 자란다.
3. 줄기와 잎은 촘촘하고 마디가 짧다.
4. 잎은 두텁고 털이 많다.
5. 식물체에 비해 꽃이 크고 화려하다.
6. 응고점내림 현상이 있다.
7. 지상부에 비해 지하부가 발달한다.
8. 다음해 나올 줄기의 눈Bud은 땅속 3~5cm 아래 위치한다.

이베리스 셈페르비렌스
(*Iberis sempervirens*)

세라스티움 알피눔
(*Cerastium alpinum*)

한라산 털진달래
(*Rhododendron mucronulatum* var. *ciliatum*)

삭시프라가 롱기폴리아
(*Saxifraga logifolia*)

고산식물의 생태

고산지대의 분포 현황은 〈표1〉과 같이 위도와 밀접한 관계를 보인다. 그러나 지형 또는 해양의 영향으로 인해 반드시 위도와 비례하는 것은 아니다. 고산지대_{Alpine Zone}는 수목 한계선 이후의 지역으로 수목한계선은 7월 평균기온이 10℃가 되는 지역과 일치한다. 우리나라의 경우 백두산 해발 2,000m 정도가 이에 해당하며 중부 이남에는 진정한 의미의 고산지대가 없다. 다만 한라산이나 설악산 등에 일부 고산식물들이 빙하기 유존 식물로 남아 서식하고 있는 정도다. 만약 한라산이 더 높은 산이라고 가정한다면 해발 2,500m 이상 지역이 고산지대로 형성되었을 것이다.

고산지대의 토양 환경은 매우 척박하다. 일반적으로 자연 상태의 토양은 과거와 현재의 식생 발달과 밀접하게 연관되어 있어 초기에는 척박한 나지대였어도 시간이 지나면서 풀과 나무들이 자라 결국에는 숲이 된다. 숲이 형성되면 부엽층이 쌓이면서 표토층이 두터워지고 자연스럽게 유기물이 풍부한 토양층이 발달하게 된다. 그러나 고산지대는 현재와 같은 따뜻한 간빙기에도 기온이 매우 낮기 때문에 숲으로의 천이가 진행되지 않고 이로 인해 토양층 역시 발달하지 못하게 된다.

1) 건생_{乾生} 식생

고산지대에 광범위하게 발달하는 식생으로 토양은 대부분 암석이나 암석부스러기 등으로 이루어져 있어 건조하다. 흔히 산의 정상이나 사면에 발달하며 고산초지, 고산관목림, 고산전석지로 구분된다.

표1. 고산지대 분포 현황

위치	주요 지역	해발고	비고
북위 30°	중앙 히말라야	3,900m 이상	
북위 19°	멕시코	4,100m 이상	
북위 10°	에티오피아	4,250m 이상	
남아메리카 페루의 안데스 산맥		2,400m 이상	
북극권		해안지대~	

좀참꽃 군락지

하늘매발톱 군락지

고산전석지의 식물,
담자리꽃

한라솜다리

난장이바위솔

① 고산초지

고산초지는 백두산과 한라산의 경우 표고 1,500m 이상에서 나타나며 토양은 주로 마사나 송이석 등이 주를 이룬다. 다른 암석에 비해 화산석인 마사나 송이석은 공극은 크지만 보습력이 좋은 편이며 유기물은 적고 배수가 원활한 특징이 있다. 하늘말나리, 큰원추리, 솔나리, 바위구절초, 구름국화, 한라구절초, 탐라황기, 하늘매발톱꽃, 매발톱꽃과 같은 건생 초본식물 군락이 발달한다.

② 고산관목림

고산관목림은 고산초원에서 식생 천이에 의해 조성된다. 시간이 지남에 따라 토양 유기물이 축적되면서 눈향나무, 좀참꽃, 들쭉나무, 시로미와 같은 포복성 관목이나 1m 이하의 키 작은 관목이 우점하기 시작한다.

③ 고산전석지

고산전석지는 일반 고산지대와 동일하게 마사나 송이석 등으로 이루어져 있으나 모암이나 암반 노출이 많고 토양 내부에 자갈 비율이 높은 곳이다. 흔히 침식이 심한 계곡의 급경사면이나 암석이 풍부하게 분포되어 있는 산의 정상 부근에 나타난다. 경사가 급하고 암석이 많은 고산전석지는 다른 고산지대에 비해 토양이 더욱 빈약하고 토양 표면은 물론 내부까지 배수가 원활하다. 때문에 일반 고산지대에 자라는 관목들은 생육이 어렵고 초본류 중에서도 더욱 건조한 곳에 적응한 식물들에 한정되어 나타난다.

고산전석지에 자생하는 식물들은 증산작용을 억제하기 위해 기공 주변에 털이 많거나 다육성인 경우가 많다. 대표적인 종류로는 노랑제비꽃, 구름털제비꽃, 좀향유, 담자리꽃, 백리향을 비롯해 국화과의 솜다리, 한라솜다리, 구름떡쑥 등과 콩과의 두메자운속 *Oxytropis* 등이 있다. 고산성 다육식물인 돌꽃, 난장이바위솔 등도 여기에 포함된다.

2) 습지 식생

고산지대에는 습지도 많다. 빙하가 녹으면서 흘러내린 물은 폭포와 계곡을 이루고 다양한 습지 식생을 형성한다. 특히 칼데라와 분지에 호수나 늪지가 발달하기도 하는데 늪지의 경우 갈대나 사초 등이 죽은 후에도 완전히 분해되지 않고 이탄층을 형성해 독특한 습지 식생을 이룬다.

① 고산 계곡 식생

고산지대의 계곡은 수온이 낮아 맑고 깨끗하다. 저지대에서는 계곡 주변으로 흔히 버드나무림과 같은 교목성 습지림이 나타나지만 고산지대는 계곡의 폭이 좁고 주변으로 암석이 노출되어 식물이 거의 자라지 못한다. 그러나 예외적으로 계류 폭이 넓고 퇴적지인 경우에는 다양한 습지식물이 군락을 이루어 서식한다. 더욱이 흐르는 계곡물은 용존산소의 비율이 높아 전형적인 습지식물이 아니어도 물속에 뿌리를 내려 살아갈 수 있다. 고산 계곡의 습지식물은 저지대와 마찬가지로 수심에 따라 서식하는 종류가 다르며 대표적인 식물은 〈표2〉와 같다.

② 습원 식생

고산지대의 습원은 저지대와 달리 수온이 매우 낮고 토양 산성이 강해 식물체가 완전히 분해되지 않고 이탄 또는 토탄의 형태로 퇴적되는 소택지가 발달한다. 또한 퇴적된 이탄의 영향으로 저지대의 식물상과는 전혀 다른 진퍼리사초, 황새풀, 물이끼 및 진달래과의 소관목 등이 서식한다. 소택지는 이탄 퇴적물의 종류, 지하수와의 관계, 토양산성도 등에 따라 저층습원, 중간습원, 고층습원 등으로 구분되며 우리나라에서는 대암산 용늪과 백두산 주변의 늪지 및 고산습원이 여기에 해당된다.

표2. 수위에 따른 습지식물 서식 현황

수위	주요 식물	비고
수위 -2m ~ 수위 -20cm	산부채, 흑삼릉, 애기수련, 갈대	
수위 -20cm ~ 수위 +20cm	부채붓꽃, 제비붓꽃, 시베리아붓꽃, 동의나물, 물파초	
수위 +20cm ~ 수위 +50cm	곰취류, 노루오줌류, 금매화류, 연영초류, 앵초류, 도깨비부채류, 앉은부채류, 냉초, 숫잔대, 왜성버드나무, 오리나무	

백두산 고산습지

02.

암석원
조성 기술

정원은 인간이 자연을 새롭게 창출해내는 영역이다. 여기에는 과학과 예술이 어우러진다. 특히 암석원의 경우 미학이나 예술적 영감만으로는 완결할 수 없는 과학적 조성 기술이 반드시 필요하다. 고산지대의 환경과 전혀 다른 기후와 토양 조건에서 고산식물을 키우는 일은 생각보다 고되고 어려운 일이기 때문이다. 그러나 유럽의 식물원을 중심으로 저지대에서 고산식물을 전시하기 위한 다양한 조성 기술이 발전해 왔고 현재는 내서성이 매우 약한 극지식물까지도 전시할 수 있게 되었다.

    암석원의 조성 기술과 관련해서는 많은 문헌들이 출간되어 있다. 이 자료들은 필자를 비롯한 전 세계 가드너들에게 중요한 지침서가 되고 있다. 여기에서는 다양한 자료들과 필자의 경험을 바탕으로 중요한 조성 기술 몇 가지를 간단히 정리하겠다.

여름철을 시원하게 유지한다

정원을 조성할 때 가장 중요한 것은 기후 조건이다. 우리나라의 경우 식물의 휴면을 위해 겨울철 최저기온이 -5℃ 이하로 떨어지는 곳이라면 어디에서든 암석원을 조성할 수 있

풍혈의 원리를 이용해 조성한 평강식물원의 암석원

다. 그러나 문제는 여름철 무더위다. 여름철 온도가 35℃ 이상 올라가는 기간이 장기간 지속되는 경우에는 한계가 있다. 물론 나무를 심어 그늘을 만들면 온도가 올라가는 것을 막을 수 있지만 그늘은 대부분의 암석식물의 생육 환경과 맞지 않고 특히 장마철의 경우 과습으로 인해 오히려 치명적인 해가 될 수 있다. 따라서 식물 생육에 안정적이면서 여름철 기온을 낮출 수 있는 다양한 방법을 고려해야 한다.

1) 풍혈의 원리를 이용한다

풍혈지는 너덜지대(혹은 전석지) 중에서 여름철 암괴 틈으로 찬 공기가 스며 나와 저온 환경을 형성하는 지역을 말한다. 흔히 '얼음골'이라고 부르며 이름에서 느껴지듯 여름철 풍혈지의 온도는 대기 온도보다 5~10℃ 정도 낮다.

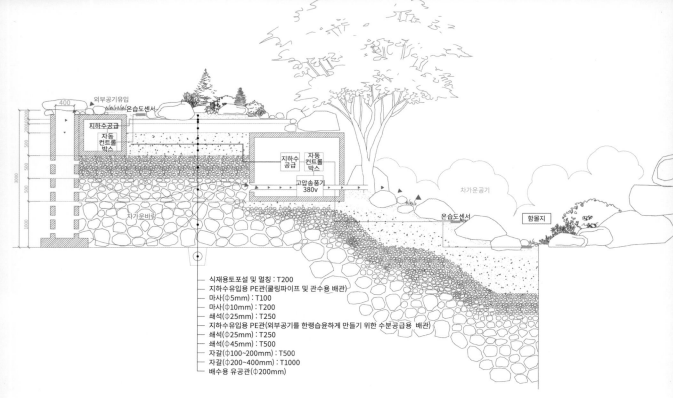

식재용토포설 및 멀칭 : T200
지하수유입용 PE관(쿨링파이프 및 관수용 배관)
마사(Φ5mm) : T100
마사(Φ10mm) : T200
쇄석(Φ25mm) : T250
지하수유입용 PE관(외부공기를 한랭습윤하게 만들기 위한 수분공급용 배관)
쇄석(Φ25mm) : T250
쇄석(Φ45mm) : T500
자갈(Φ100~200mm) : T500
자갈(Φ200~400mm) : T1000
배수용 유공관(Φ200mm)

풍혈지 조성 단면

강원도 화천과 연천 등의 저지대 풍혈지에서는 월귤, 큰제비꼬깔, 공작고사리와 같은 고산성 식물이 다수 서식하는 것으로 알려져 있다. 과거 빙하기에 저지대의 기온이 지금보다 현저하게 낮았던 때에 서식하던 고산식물들이 기온의 변화로 점차 사라지거나 그 분포지가 고산지대로 제한된데 반해 자연 상태의 풍혈지에서는 여름철 저온 현상으로 인해 그 명맥을 유지한 것으로 보인다.

풍혈지는 고산식물을 저지대에서 전시하기 위한 훌륭한 해법을 보여준다. 영국을 비롯한 정원 선진국에서 사용하는 암석원 조성 기법 역시 풍혈지의 원리와 유사하다. 특히 고산식물은 지상부보다 지하부, 즉 뿌리가 발달하는 특징을 보이는데 고산식물 중에는 식재 후 불과 몇 개월 이내에 뿌리가 깊이 1m 이상 깊게 내려가는 종류가 많다. 만약 고산식물이 지하 자갈층 깊이 뿌리를 내린다면 무더운 여름철 찬물에 발을 담근 것처럼 시원함을 느끼게 된다.

풍혈지를 조성하기 위해서는 계획 부지를 깊이 1m 이상 깊게 파내고 그 안을 자갈

층으로 채우면 된다. 자갈은 크기가 큰 것에서 작은 것 순으로 차례차례 담고 상부에는
식재용토를 넣어 고산식물을 식재한다. 이렇게 하면 지하의 시원한 공기층의 영향으로
지상과 가까운 표토층의 온도가 내려가는 효과를 볼 수 있다. 풍혈지의 효과는 자갈층의
깊이와 암석원의 넓이에 비례하므로 식물 선정과 관련해 그 규모를 정하는 것이 좋다.

2) 표토의 복사열을 최소화한다

제주도에서는 농사를 짓는 밭에 드러난 작은 자갈을 '기름자갈'이라 하여 귀하게 생각한
다. 기름자갈은 습기를 보존해 건조함을 막아주고 잡초의 성장을 감소시켜 작물이 잘 자
라도록 도움을 준다. 특히 여름철 복사열을 차단해 토양 온도가 올라가는 것을 막아 주
는 역할도 수행한다. 이와 동일한 이유로 유럽 등지의 암석원에서는 고산식물을 심고 난
후 마사나 작은 자갈 등을 덮어주는데 이를 멀칭Mulching이라 부른다.

멀칭(Mulching)

위슬리 가든의
알파인 하우스(Alpine House)

3) 안개분수Mist를 설치한다

골프장에서 즐겨 쓰는 한지형잔디의 경우 여름철 더위로 인해 성장이 정지·쇠퇴하거나 심하면 고사하게 되는 하고현상夏枯現象(Summer Depression)을 보이곤 한다. 골프장 관리자들은 하고현상을 막기 위해 날이 무더워지면 스프링클러를 이용해 물을 주고 열기를 식힌다. 이와 마찬가지로 암석원에서도 스프링클러를 이용해 여름철 열기를 내릴 수 있다. 다만 토양이 젖어 다습한 상태가 유지되면 이 또한 고산식물에게 해가 되므로 분사되는 입자가 작아 공중에서 부서져 없어지는 미스트를 이용하는 것이 바람직하다.

4) 쿨링 파이프Cooling Pipe를 설치한다

일반적인 고산식물의 경우 위의 세 가지 방법을 이용하면 큰 어려움 없이 전시 및 재배가 가능하다. 그러나 암매와 같은 일부 고산식물은 기온에 매우 민감하여 좀 더 특별한 방법이 요구된다. 유럽 등지에서는 이 경우 쿨링 파이프를 설치한다.

쿨링 파이프는 식재면에 파이프를 설치해 여름철 시원한 지하수를 순환시키는 방식이다. 열전도율과 내구성이 강한 재료를 이용해 방바닥에 보일러 배관을 설치하듯 약 200mm 간격으로 파이프를 설치하고 온도 센서를 이용해 온도가 올라가면 차가운 지하수가 암석원 부지내로 유입되도록 하여 여름철 토양 온도를 내려준다. 부지를 순환한 물은 연못으로 유입시키거나 관수를 위해 재사용하면 좋다.

5) 고산냉실Alpine House을 만든다

극지 가까이 서식하는 일부 고산식물들은 재배하기가 더욱 어렵다. 다양한 방법을 시도해도 저지대의 외부 환경에서는 여름철 더위를 이기지 못하고 고사하는 경우가 많다. 이럴 때에는 고산냉실을 이용하는 것이 좋다.

고산냉실은 온실과 유사한 시설물이다. 단 온실은 추위를 피하기 위한 시설이고 고산냉실은 더위를 피하기 위한 시설로 이해하면 된다. 고산냉실은 고산지대의 기후와 토양 조건을 재현하고 다양한 기후 조절 장치를 설치해 예민하고 까다로운 고산식물을 전시하는 공간이다. 특히 환풍시설과 차광시설을 완벽하게 조성해야 하며 식재화단 하부에 풍혈지를 조성하고 추가적으로 안개분수와 쿨링 파이프를 설치한다. 그 외에도 에어컨을 가동하거나 지하의 시원한 공기를 순환시켜 여름철 대기온도가 20~25℃를 넘지 않도록 관리한다.

고산지대의 토양과 유사하게 조성한다

1) 토양 구조

일반적인 토양은 지표면에서부터 낙엽층→표토층→심토층→모재층의 순서로 나타난다. 각 층별 특성을 간략히 살펴보면 〈표3〉과 같다. 그러나 고산지대의 토양 구조는 전혀 다

표3. 토양 구조

토양 구조	특성
낙엽층	낙엽이나 풀 등이 부분적으로 부패되어 쌓여 있는 층 / 무기물의 비율이 50% 미만
표토층	토양수에 의해 광물질과 유기물이 용탈되는 층 / 점질토양, 마사토양, 화산회토 등으로 이루어짐 / 유기물이 풍부하여 생물 활동이 활발함
심토층	A층으로부터 유입된 물질들이 집적되는 층 / 점질토양이 많음
모재층	토양의 모재가 되는 퇴적물 또는 암석의 풍화물이 그대로 쌓여 있는 층 / 모재층 아래로는 암반층으로 이루어짐

표4. 토양 PH에 따른 고산식물 종류

구분	식물
산성 토양Acid soil (PH 4~6)	Andromeda(석남속) / Calluna(칼루나속) / Erica(에리카속) / Gaultheria(가울데리아속) / Ledum(백산차속) / Meconopsis(푸른양귀비속) / Phyllodoce(가솔송속) / Pieris(마취목속) / Primula(앵초속)의 일부 종 / Rhododendron(만병초속) / 물이끼 등
알칼리성 토양Alkali soil (PH 8~9)	Aethionema(에디오네마속) / Alyssum(꽃냉이속) / Asplenium scolopendrium(골고사리) / Aspleniun trichomanes(차꼬리고사리) / Bergenia cordifolia(시베리아바위취) / Catananche caerulea / Dianthus alpinus(패랭이꽃의 일종) / Corydalis lutea(괴불주머니속의 일종) / Doronicum pardaliances / Draba aizoides / Eremurus robustus / Gypsophila cerastioides(안개꽃속의 일종) / Heuchera sanguinea / Origanum amanum / Pulsatilla vulgaris(유럽할미꽃) / Saxifraga bronchialis(바위취속의 일종) / Scabiosa caucasica(체꽃속의 일종) / Sempervivum / Silene schafta 등

표5. 토양 습도에 따른 고산식물

구분	식물
습기를 좋아하는 식물	노루오줌속(Astilbe), 동의나물속(Caltha), 백산차속(Ledum), 곰취속(Ligularia), 꽃창포(Iris ensata), 시베리아꽃창포(Iris sibirica), 부채붓꽃(Iris setosa), 꽃앵초(Primula japonica), 물매화속, 해오라기난초, 방울새란, Lysichiton 등
물속에 사는 식물	말꼬리풀, 물여뀌(Persicaria amphibia), 조름나물, 남개연꽃
배수성이 좋은 토양에 자라는 식물	에델바이스, 세라스티움, 섬바위장대, 담자리꽃, Dianthus, Draba, Eremurus, Pulsatilla, Saxifraga, Sempervivum, Silene

르다. 극심한 기후로 수목이 서식하지 않는 고산지대는 낙엽층이 없거나 있어도 매우 얇다. 표토층과 심토층은 작은 자갈이거나 암석부스러기 등이 불규칙하게 혼합되어 있고 모재층이 바로 나타나는 경우가 많다.

고산지대의 이러한 독특한 토양 구조는 고산식물의 뿌리를 발달시키고 잎과 줄기는 추위와 심각한 건조를 이겨내기 위해 독특한 형태로 적응해왔다. 때문에 암석원을 조성할 때에는 이러한 토양 성질을 잘 파악해 자생지의 환경과 유사하게 맞추는 것이 중요하다.

2) 토양 PH

토양 PH는 수소 이온 농도를 표시하는 방법으로 0~14까지 구분되어 있다. 일반적인 조경 식물은 PH 6~8 정도의 토양에서 생육이 양호하지만 산성 혹은 알칼리성을 선호하는 특정 식물이 더러 있다. 대표적인 예로 동백나무, 치자나무, 진달래과 식물 등은 산성(PH 4~6)에서 잘 자라고 회양목 등은 알칼리성(PH 8)에서 생육이 양호하다.

암석식물인 경우 토양 PH는 더욱 중요하다. 토양 PH는 보통 빗물, 토양미생물, 유기물, 암석의 종류 등 다양한 주변 환경 요인의 복합적인 결과에 의해 나타난다. 그러나 암석원의 경우 토심 10cm 내외의 식재용토를 제외하면 대부분 마사와 암석부스러기로 구성되어 있어 암석의 종류가 토양 PH에 미치는 영향이 더욱 크다. 우리나라의 경우 가장 흔한 화강암은 풍화 과정에서 생성되는 이산화규소(SiO_2)의 영향으로 강산성을 띠며 석회암은 빗물에 의해 녹아내리는 탄산칼슘으로 인해 강알칼리성으로 변하기 쉽다. 따라서 암석의 성질을 잘 파악해 식물을 배치하거나 식물에 맞게 암석을 신중히 선별해 사용해야 한다.

3) 습도

고산식물은 대부분 내건성이 강하다. 자갈층으로 이루어진 토양 조건에서 적응해 온 탓에 건조에 강하도록 진화되어 왔다. 따라서 암석원을 조성할 때에는 식재용토 자체에는 적당한 습도가 유지되어야 하나 용토층 하부로는 물 빠짐이 잘되도록 하는 것이 매우 중요하다.

그러나 고산지대에도 계곡이나 호수, 고층습원 등에는 다양한 수생식물이 서식한다. 이런 식물을 전시할 때에는 일반적인 암석원의 토양 습도로는 부족하기 때문에 이를 보완하기 위해 암석원 내에 연못이나 계류를 함께 조성하는 것이 좋다.

습기를 좋아하는 식물Water Loving Plants은 연못 방수층 위로 식재용토를 두께 20cm 이상 포설하고 연못의 물이 지속적으로 용토 속으로 스며드는 곳에 식재한다. 용토는 일반적인 암석원 용토와는 달리 마사 : 피트모스 : 부엽 = 2 : 1 : 1로 마사의 양을 줄여 습도가 높도록 유도한다. 하지만 고산습원에 서식하는 황새풀, 해오라기난초, 방울새란, 물이끼와 같이 산성을 좋아하는 식물을 식재할 부분의 용토는 마사 : 피트모스 : 수태(마른 이끼) = 1 : 1 : 1로 하는 것이 좋다.

미환경(미기후)을 고려한다

정원을 계획하고 조성할 때에는 부지 내 국소적으로 나타나는 미환경micro environment을 잘 반영해야 한다. 좁은 부지 내에서도 주변 환경 여건에 따라 다양한 미환경이 나타나게 되며 이로 인해 광량, 바람의 영향, 공중습도 등의 미기후micro climate가 달라질 수 있기 때문이다. 예를 들어 부지 내 방향에 따라 남측은 광량이 풍부하고 여름철 시원한 바람이 불며 동측은 겨울바람의 영향이 적고 식물 생장에 도움이 되는 광 조건을 지니게 되지만 북측과 서측은 그늘이 많고 겨울철 차고 건조한 바람이 불어 한건해가 심해진다.

특히 암석원의 경우 미환경은 더욱 복잡하게 나타난다. 암석식물은 대부분 크기가 작아 지형의 변화나 심지어 큰 바위 하나에도 광량과 공중습도, 지표면의 온도가 좌지우지된다. 작은 암석식물에게는 큰 바위의 북쪽 혹은 남쪽에 심는가가 생존의 결정적인 요인이 될 수도 있다. 때문에 암석원을 계획할 때는 바위 하나, 풀 한 포기를 배치하는 것에도 숙련된 경험과 세밀한 감각이 반영되어야 한다.

1) 위치 선정

기후 조건을 고려했을 때 우리나라는 전국 어디서나 암석원을 조성할 수 있다. 서귀포의 경우 연평균 기온이 약 15℃로 국내에서 가장 높지만 동절기가 4개월 정도 지속되며 겨울철 최저기온이 -5℃ 이하로 떨어지기 때문에 고산식물이 휴면기를 갖기에 충분하다. 여름철 역시 최고기온이 35℃를 넘나들긴 하지만 전형적인 아열대나 열대지방처럼 무더운 기간이 길지 않아 큰 문제가 되지 않는다. 다만 여름철 기온이 특별히 높은 일부 지역의 경우 다소 어려움이 있을 수 있는데 이 경우 더위에 적응력이 뛰어난 고산식물이나 저지

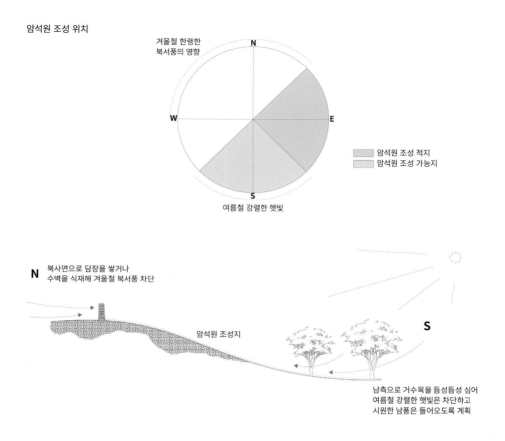

암석원 조성 위치

겨울철 한랭한
북서풍의 영향

N

W   E

S

여름철 강렬한 햇빛

■ 암석원 조성 적지
■ 암석원 조성 가능지

N 북사면으로 담장을 쌓거나
수벽을 식재해 겨울철 북서풍 차단

암석원 조성지

S

남측으로 거수목을 듬성듬성 심어
여름철 강렬한 햇빛은 차단하고
시원한 남풍은 들어오도록 계획

대에 서식하는 다육식물을 중심으로 계획한다면 암석원을 조성하는 데는 지장이 없다.

암석원의 최적지는 경기 북부와 강원도 지역이다. 그리고 남부지방의 표고 300~400m 이상의 산간지역 역시 암석원 조성지로 적당하다. 이들 지역은 여름철 최고 기온이 33℃를 넘지 않으며 무더운 기간이 짧고 열대야가 거의 없어 서늘한 곳이다.

물론 지역에 따라 여름철 고온다습한 기후나 열대야 등의 기간이 달라 암석원에 식재할 수 있는 종이 달라질 수 있다. 특히 여름철 무더운 기간이 긴 지역에서는 고산식물의 종류가 다소 한정될 수밖에 없다. 하지만 더위 적응력이 뛰어난 암석식물이 최소 수백 종 이상이므로 감상이나 취미를 목적으로 하는 개인 정원이나 공원 등에 조성되는 경우 국내에서 지역적 제한은 없다고 해도 좋다.

암석원은 평지보다 경사지에 조성하는 것이 좋다. 경사지의 경우 경관 창출이 용이하고 배수가 원활하다는 장점이 있기 때문이다. 또한 돌이 많은 전석지를 이용한다면 자연석 구입 비용 등을 절감할 수 있어 예산을 줄이는 데 큰 도움이 된다.

일반적으로 암석원은 더운 여름철 일조량이 상대적으로 적은 북사면에 위치하는 것이 좋다. 그러나 북사면의 경우 겨울철 한랭한 북서풍의 피해에 노출되는 위험이 있다. 물론 고산식물은 한랭한 기후에 적응력이 뛰어나지만 자연 상태에서는 동절기를 대부분 눈속에서 지내기 때문에 건조한 바람에 약한 경우가 많다. 때문에 북서풍을 차단하면서 여름철 일조량을 줄일 수 있는 남동사면이나 동사면이 오히려 암석원의 위치로 적당하다.

만약 부득이하게 암석원이 남사면에 조성된다면 남측에 거수목을 듬성듬성 심어 여름철 강렬한 햇빛은 차단하고 시원한 남풍은 유입될 수 있도록 한다. 반대로 북사면일 경우에는 북측에 거수목을 조밀하게 심거나 기타 담장과 같은 시설물을 배치해 가급적 북서풍의 영향이 적도록 계획한다. 단 부지 내 지나친 그늘을 만들지 않도록 암석식물 식재지와 적당한 거리를 두는 것이 중요하다.

2) 차폐

정원에서 차폐는 경관을 차단하는 기능만을 수행하는 것이 아니다. 특별한 경관을 위해 강조를 유도하거나 공간의 다양성을 부여하기도 한다. 특히 암석원에서 경계 차폐는 매우 중요하다. 차폐를 통해 고산식물에게 치명적인 건조한 바람을 막아주고 공중습도를 높여 식물 생장에 도움이 되는 미환경을 조성해주기 때문이다. 또한 이용객의 시선을 아래로 떨어뜨려 암석원에 더욱 집중하게 하는 역할도 한다. 물론 자칫하면 공기 흐름을 차단해 서리 피해가 가중되거나 햇빛을 가려 식물 생장에 악영향을 끼칠 우려도 있으므로 신중하게 계획한다.

흔히 암석원의 차폐는 흙을 쌓아 언덕을 만들거나 담장 혹은 수벽(생울타리) 등을 이용한다. 교목의 군락식재도 한 가지 방법이지만 이는 조성 부지가 넓은 경우로 제한한다. 담장과 수벽은 가급적 크게 두드러지지 않는 형태와 색채로 계획한다.

영국 큐 가든의 경우 암석원의 북측 일부를 3m 정도의 담장으로 차폐했다. 담장에는 덩굴성 식물을 식재해 자칫 경직되어 보일 수 있는 획일적인 시설물에 자연성을 가미했다. 큐 가든의 담장은 공중으로 날아가는 시선을 붙잡아 암석원에 집중할 수 있도록 도와주고 들쑥날쑥 변화감 있는 자연석 위에서 일관된 형태를 유지하며 병풍처럼 배경을 만들어 주어 암석원의 아름다움이 더욱 돋보이게 한다. 그러나 주변 경관이 뛰어나고 여름철 시원한 바람이 들어오는 곳이라면 일부를 개방하는 것도 좋다.

영국 큐 가든 암석원

03.

암석원
조성 방법

모든 정원은 정밀한 계획과 설계를 바탕으로 조성해야 된다. 암석원도 조성 목적에 따라 위치와 규모를 결정하고 규모가 큰 암석원의 경우에는 소주제를 정해 주제원을 계획하기도 한다. 정확한 설계를 위해서는 사전에 현장조사를 실시해 주변 경관, 미환경, 토양 등을 분석하고 특히 고산식물의 생육에 크게 영향을 미치는 토양배수성, 통기성, 유기물함량 등을 세밀하게 파악해 설계에 반영한다. 활용이 가능한 지형이나 기존 암반지대 등도 확인해 두었다가 이용하면 좋다.

실시설계를 할 때에는 설계자의 의도가 충분히 살아날 수 있도록 가급적 자세하게 표현한다. 암석원의 경우 사용되는 소재들의 규격이 일률적이지 않아 도면으로 표현하는 데에 어려움이 많지만 가급적 통일된 규칙을 만들어 시공이 용이하도록 도면화 하는 것이 중요하다. 단면도, 상세도 등도 세부적으로 작성하고 도면으로 표기하기 어려운 것은 특별시방서를 통해 부연설명하거나 유사 사례의 이미지를 첨부하는 방식 등을 이용한다.

암석원의 경우 조성 면적에 비해 많은 예산이 필요하고 국내에서는 완성도 높은 사례가 드물기 때문에 국내외 다양한 사례들을 충분히 숙지한 후 전문가의 조언을 받아 작업을 시작하는 것이 바람직하다.

지형

암석원에서 지형 조형은 전체 부지의 골격을 만드는 매우 중요한 작업이다. 지형을 계획할 때에는 조성지의 현황을 파악하는 것이 중요하고 현황 레벨을 비롯해 계획 부지 내 주요 시설물의 위치와 규모 등을 정확히 측량해 도면화하는 작업이 선행되어야 한다. 경사면 등의 기존 지형이나 암반지대를 활용할 경우 비용 절감 등의 큰 효과를 볼 수도 있다.

1) 지형 조성

계획 부지가 급경사면일 경우에는 이를 최대한 이용하는 것이 좋다. 가급적 무리한 성·절토 계획은 피하고 현장성을 살려서 시행한다. 지형의 변화를 최소화하는 범위 내에서 동선(산책로)의 위치와 방향을 잡고 그 후에 계류의 위치와 방향을 구상한다.

평지나 비교적 완만한 경사면에 암석원을 조성하는 경우에는 다양한 지형 계획을 수립할 수 있다. 기존 지형을 활용하되 설계자의 의중에 따라 다채로운 지형을 꾸며도 좋다. 다만 언덕과 골이 반복적으로 나타나 오밀조밀한 지형은 피하도록 하고 특히 언덕과

큐 가든 암석원. 골을 만들어 공간을 다채롭게 하고 낮은 곳으로 산책로를 배치하면 산책로에서 편안하게
암석식물을 조망할 수 있다. 더불어 바람의 영향을 차단하고 공중습도를 높여 식재 식물의 범위를 넓혀준다.

골의 규모가 지나치게 작아 전체적으로 산만해지지 않도록 주의한다. 지형을 구상할 때에는 전체 부지의 크기와 조망하는 사람의 시야를 고려해 암석원 전체가 조화로운 휴먼스케일이 되도록 계획한다.

암석원에서 언덕과 골은 정원의 가치를 높여준다. 언덕은 공간을 나누고 변화감을 유도하며 암석원 전체를 한눈에 볼 수 없는 비밀스러운 공간으로 만들어준다. 또한 햇빛과 건조에 강한 식물의 서식처를 제공하고 키 작은 식물들을 편안한 눈높이에서 볼 수 있도록 도와준다. 반면 골은 공간의 깊이를 더하고 아늑한 느낌을 준다. 골의 규모가 클수록 내부는 바람의 영향이 적고 공중습도가 높아지는데 풀산딸나무, 복주머니란초, 앵초류, 양치식물 등 고산의 특수한 반음지 식물을 전시할 수 있다.

지형 작업에 앞서 부지 내 기존 표토(두께 약 20cm)는 따로 모아 두었다가 식재용토로 활용하면 좋다. 조형을 위해 필요한 흙은 기본적으로 연못이나 골 등 절토가 필요한 곳의 흙을 파서 이용하고 부족할 경우 가급적 배수가 원활한 마사 등을 구입해 사용한다.

영국 큐 가든 암석원 내 계류

지형을 만들고 나서 암거 작업이나 정원석 배치를 시행할 때 조형해 놓은 일부 지형이 훼손되는 경우가 있다. 이 때문에 사전에 지형을 만드는 일이 불필요하게 느껴질 수도 있지만 부지 전반적으로 기본적인 지형 조형을 먼저 해두어야 이를 기준으로 연못과 계류 등의 후속 공정이 효과적으로 진행된다. 또 지형 조형이 이루어지면 완공된 암석원의 모습을 미리 연상해 볼 수가 있어서 설계상 미진했던 부분을 발견하고 보완할 수 있는 계기가 되기도 한다.

2) 연못과 계류

암석원은 암석의 웅장함과 거칠고 강한 이미지가 정원을 압도한다. 특히 조성 초기에는 공사 과정에서 암석 표면이 긁히는 경우가 많고 식물들도 완전히 자리를 잡지 못해 다소 황량한 느낌을 주기도 한다. 이를 보완하기 위해 암석원을 조성할 때는 연못과 같은 수경관을 함께 조성하는 것이 좋다. 더욱이 대부분의 암석원은 평지보다는 경사지에 조성되는 경우가 많아 계류를 조성하기에 적합하며 경사면을 따라 흐르는 계류와 크고 작은 폭포는 암석원의 경관을 더욱 풍성하게 만들어 준다. 특히 연못과 계곡 주변으로 물속이나 물 주변에 서식하는 수생식물을 함께 전시할 수 있어 식물의 종 다양성을 확보하고 꽃을 볼 수 있는 개화시기를 연장시키는 효과가 있다.

① 조성 과정

가. 조성할 곳에 위치를 표시하고 터파기를 시행한다. 연못과 계류는 자연 계곡처럼 언덕 사이에 골을 따라 흐르게 배치하고 암반 사이로 물이 숨어 흐르듯이 연출한다.

나. 연못의 수심은 최소 45cm 이상, 수표면 면적은 $4m^2$(2m×2m) 이상으로 조성한다. 연못이 작을 경우 급격한 수온 변화로 온도가 올라가 수질 문제가 발생할 수 있으므로 주의한다. 연못은 계류나 폭포로 물 순환시 물이 부족하지 않을 정도로 충분히 깊고 넓어야 한다.

다. 수심을 다양하게 조성한다. 계류 중간에는 소滙나 깊은 웅덩이를 배치해 자연 계곡의 분위기를 연출한다. 크고 작은 웅덩이들은 다양한 식물과 어류, 수서곤충의 서식지가 되어줄 것이다. 또 낙차를 두어 폭포를 만들고 계류의 폭과 수심을 달리해 유속에 변화감을 주는 것도 좋다.

라. 터파기 후에는 지면을 고르고 잘 다진다. 방수와 직결되는 단계로 꼼꼼하게 시행한다.

마. 일반적으로 방수는 시트방수, 벤토나이트방수, 진흙방수 등을 이용한다. 그러나 암석원은 암반지대를 활용하는 경우가 많아 경사면이 유연하지 않고 지면다짐 등의 어려움이 있어 시트방수를 이용한다. 단, 정원석을 배치할 곳은 시트가 찢어지는 것을 방지하기 위해 방수 후 버림콘크리트(약 T100mm)를 타설하는 것이 좋다.

바. 방수가 끝나면 정원석을 놓는다. 굴곡이 있는 자연형 계류의 경우 물의 방향과 속도에 따라 침식지와 퇴적지가 생기는데, 정원석은 침식지, 폭포 조성지, 기타 낙차가 심한 곳을 중심으로 놓는다. 그 외로는 가급적 정원석을 배제하고 수생식물 군락을 조성한다.

사. 연못 가장자리를 따라 식물 식재지를 조성한다. 식재용토의 유실을 막기 위해 연못 내부 수면 아래로 정원석을 무리지어 배치하고 정원석과 방수면 사이의 공간을 식재용토로 채운다.

아. 물은 자연적으로 유입되게 하거나 펌프에 의해 순환시켜 공급한다.

자. 집중 강우 시 암석원 주변의 빗물이 계류로 흘러들어오지 않도록 별도의 우수계획을 세워야 한다. 집중 강우를 대비해 방수 마감 높이를 만수위보다 지나치게 높게 하는 경우가 있는데 이렇게 되면 계곡의 형태가 자연스럽지 못하고 식재 여건이나 미적 완성도가 떨어져 좋지 않다. 별도의 우수계획을 수립하고 방수 높이는 만수위 보다 20cm 정도만 높게 조성하는 것이 좋다.

3) 동선

동선(산책로)은 이용자의 수와 적절한 관찰거리를 고려해 계획한다. 보행자가 전시식물을 비롯해 기타 시설물 등을 편안하게 관람할 수 있도록 해야 한다. 동선의 폭은 두 사람이 불편 없이 걸을 수 있도록 최소 1.2m 이상을 유지하고 적당한 간격마다 넓은 공간을 두어 휴식을 취하거나 사진을 찍을 수 있도록 배려한다.

암석원은 지형의 높낮이 변화가 커서 계단이 많다. 계단과 계단 사이는 가급적 수평면으로 조성해 보행의 편의를 돕는다. 더불어 수평면의 공간은 주변 경사면을 받쳐주어 경사면을 더욱 강조하는 역할을 한다. 실제로 그다지 높지 않은 경사도 수평면이 들어가면 높이 차를 확연히 느낄 수 있어 미적 완성도가 높아진다.

동선의 높낮이에 따른 시점view point 차이는 경관의 다양성을 부여한다. 같은 경관도 보는 위치와 방향에 따라 다가오는 느낌이 달라진다. 때문에 동선은 지형을 계획하고 조형하는 단계에서 함께 고려하는 것이 좋다.

석분다짐+자연석 계단

마사토다짐+목재 계단

동선 마사토다짐

암거 작업

대부분의 암석식물은 크기가 작기 때문에 동선에서 멀리 떨어진 곳의 식물은 관찰하기가 어렵다. 부득이하게 동선과 멀어진 식재지에는 관목이나 비교적 키가 큰 야생화를 군락으로 배치해 원경을 구성하는 것도 하나의 방법이다.

동선은 주변 암석이나 식재지와 잘 어울리는 소재로 계획한다. 되도록 투수성이 좋은 소재를 이용해 비가 올 때 물이 동선을 따라 흐르지 않도록 주의한다. 마사나 가는 쇄석, 석분 등을 주로 이용하며 필요한 경우 별도의 배수시설을 설치해야 하지만 가급적 미관을 해치지 않도록 유의한다.

동선은 지형 조형이나 계류 조성 시 장비의 작업 동선으로 활용하고 부지 내 장비 작업이 완료되는 시점에 장비가 나가면서 조성하는 것이 가장 효율적이다.

① 조성 과정
가. 현장에서 동선의 위치를 표시한다.
나. 설계에 따라 기초 터파기를 시행하고 표토가 점질토인 경우 반드시 암거 작업을 시행한다. 일반적으로 터파기 깊이는 200~300mm 정도가 적당하다.
다. 터파기 후 지면을 고르고 25mm 쇄석과 15mm 쇄석을 차례로 포설하여 잘 다진다.
라. 쇄석 위로 설계에 따라 마감 소재(석분, 마사 등)를 두께 100mm 정도 포설해 다짐한다. 마감 소재가 마사인 경우는 투수성을 고려해 점질이 섞여있지 않은 것을 사용한다.
마. 계단은 높이 150~200mm 정도로 하고 폭은 최소 300mm로 한다. 계단은 편평한 자연석이나 목재 등을 이용해 조성한다. 계단을 조성할 때는 수평이 잘 맞도록 하고 흔들리지 않도록 단단히 고정한다.
바. 계단은 가급적 7~10단 이상 연속적으로 설치하지 않고 계단과 계단 사이에는 참을 둔다. 경사면이 급할 경우 참을 이용해 동선을 우회시켜 경사면을 줄이는 것도 방법이다.
사. 동선과 동선이 만나는 지점은 되도록 넓게 조성하고 벤치 등을 배치해 쉴 수 있게 배려한다.
아. 동선 부분도 부분적으로 식재지의 개념으로 확장해 암석식물을 식재할 수 있다. 이때 식재 식물은 건조와 답압에 강한 종, 돌 틈에 붙어 낮게 자라는 종, 잎이 작고 가지가 치밀하며 옆으로 뻗는 종, 정원석과 대비되어 선이 아름다운 종을 선발한다. 대표적인 예로 백리향속*Thymus*, 초롱꽃속*Campanula*, 아주가속*Ajuga*, 기타 그라스류*Grass* 등이 있다.

토양 기반 조성 및 용토 포설

1) 암거 작업

암석원의 환경 기반을 조성할 때 가장 고려해야 할 점은 여름철 고온다습한 기후를 대비하는 것과 토양 내 물 빠짐을 원활하게 하는 일이다. 만약 조성 부지 내 기존 토양이 배수가 불량한 점질토이거나 혹은 물이 모일 수 있는 함몰 지형일 경우 암거 작업은 필수적이다. 다만 자연암반지역을 활용해 암석원을 조성하는 경우 기존 암반지대가 훼손되지 않도록 주의한다.

암거는 암석원 토양 기반 가장 아래쪽에 설치하며 일반적으로 배수층 밑으로 조성된다. 부지 여건에 따라 대략 깊이 1~2m 아래로 설치한다. 완벽한 배수를 위해서는 경사진 Y자형으로 설치하는 것이 효과적이다. 배수 여건에 따라 설치 간격은 달라지나 먼 거리의 폭이 약 20~30m 내외를 유지하는 것이 좋다. 간격이 넓어지면 지선을 내어 연결한다.

2) 배수층 작업

암거 작업이 끝나면 배수층을 조성한다. 배수층은 조성 기술에서 언급한 바 있는 풍혈지의 원리를 이용한다. 배수층은 암거 작업 이후 식재층 하부로 약 1m 가량 조성하며 연못과 계류 등의 수경시설을 제외한 암석원 부지 전반에 걸쳐 시행한다.

배수층은 밑에서부터 굵은 자갈층(ϕ50~100mm, T300mm) → 중간 자갈층(ϕ25mm, T200mm) → 가는 자갈층(ϕ10~15mm, T200mm) → 굵은 마사층(ϕ5~10mm, T200mm) → 가는 마사층(ϕ1~5mm, T100mm)의 단계로 조성한다. 이때 자갈 대신 유사한 규격의 쇄석을 이용해도 좋다. 단, 자갈과 마사는 체로 치고 물로 씻어내 진흙 등의 토양 미립자가 제거된 것을 사용한다. 마사가루 등이 공극을 메우면 배수가 불량해지고 토양 온도가 내려가는 것을 저해할 우려가 있다.

배수층은 현장 여건에 따라 일부 층을 생략하거나 추가할 수 있다. 하지만 최소 깊이 0.5m 이상의 배수층이 확보되어야 하고 가는 자갈층과 마사층은 반드시 조성해야 한다. 개인 정원이나 소규모 암석원의 경우는 자갈층 대신 토기 화분의 조각을 이용하거나 마사 대신 송이나 펄라이트 혹은 강모래 등 구입이 용이한 자재를 이용하면 된다. 단, 펄라이트의 경우 배수의 기능은 좋지만 재질이 워낙 가벼워 비가 오거나 관수를 할 때 용

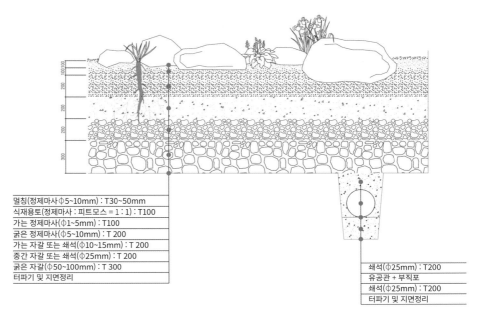

| 멀칭(정제마사 φ5~10mm) : T30~50mm |
| 식재용토(정제마사 : 피트모스 = 1 : 1) : T100 |
| 가는 정제마사(φ1~5mm) : T100 |
| 굵은 정제마사(φ5~10mm) : T 200 |
| 가는 자갈 또는 쇄석(φ10~15mm) : T 200 |
| 중간 자갈 또는 쇄석(φ25mm) : T 200 |
| 굵은 자갈(φ50~100mm) : T 300 |
| 터파기 및 지면정리 |

| 쇄석(φ25mm) : T200 |
| 유공관 + 부직포 |
| 쇄석(φ25mm) : T200 |
| 터파기 및 지면정리 |

배수층 단면

토층 위로 올라와 미관을 해치고 다른 곳으로 유입되거나 배수층 아래로 빠져나갈 수 있으므로 주의한다.

3) 암석 배치

배수층이 마무리 되어가는 시점에서 암석을 배치한다. 단, 거석의 경우는 자갈층이 마무리되면 배치한다. 암석은 암석식물의 생존 기반을 만들어주는 중요한 구조적 역할을 수행한다. 또 상대적으로 작은 암석식물의 크기로 인해 전체 원의 중요한 경관을 이루는 구성요소가 된다. 때문에 암석 배치는 계획 단계부터 신중해야 하며 암석원의 개념을 충분히 이해하고 다양한 현장 상황에 유연하게 대처할 수 있는 노련한 기술자에 의해 시행되는 것이 좋다.

초기 유럽의 암석원의 경우 암석 배치는 다소 인공적이었다. 대표적인 암석원인 영국 큐 가든Kew Garden의 경우 직육면체 형태의 암석을 계단처럼 차곡차곡 쌓아 올리는 방식으로 조성되었다. 큐 가든의 암석원이 조성되기 시작한 1900년대 초, 당시 식물학자이

자 암석원 전문가인 레지널드 패러Reginald Farrer(1880~1920)는 그의 저서 『마이 락 가든My Rock Garden』(1907) 등을 통해 큐 가든의 암석 배치에 대해 공개적으로 지적한 바 있다. 식물을 식재하기 위한 공간Pocket, 즉 식재지를 너무 강조한 나머지 암석의 배치가 너무 평편하거나 테라스 같아 인공적인 느낌을 준다는 내용이었다.

물론 큐 가든의 암석원은 100여년이 지난 현재에도 지형, 토양 구조, 식물 전시 등 모든 면에서 최고의 암석원으로 평가받고 있다. 다만 암석 배치와 관련해 큐 가든의 다소 정형적인 타입과 대비되는 자연형의 암석 배치도 도입해 볼 수 있지 않을까 하는 여지를 남겨준다. 실제로 큐 가든 조성 이후 암석의 배치 방법은 점차 변화를 보이기 시작했고 2차 세계대전 이후에는 보다 자연스러운 암석원 조성 방법으로 발전하게 된다.

암석을 배치할 때 중요한 것은 전체적인 구도를 잡는 것이다. 시공을 하다보면 현재 암석을 놓고 있는 위치에만 집중해서 부지 전체의 디자인을 보지 못하는 경우가 있다. 계

큐 가든 암석원

화담숲 암석원 내 경사지에 정원석 놓기

획부터 시공까지 반드시 전체 공간의 스케일에 맞는 암석 배치 계획을 수립하고 그 후에 각 공간별로 세부적인 배치를 고민해야 한다.

암석을 배치할 때에는 안정성과 함께 변화감이 살아나도록 한다. 경사가 높은 지역은 물론 평지에서도 기본적으로 구조적 안정성은 반드시 지켜져야 하며 전체적인 안정성이 확보되면 부분적으로 변화감 있는 배치를 통해 재미와 자연미를 더할 수 있다.

부지가 큰 암석원의 경우 암석의 크기에 한계가 있으므로 중요한 경관이나 경사지에는 돌을 집단적으로 모아 부지 스케일에 맞는 암석지대를 조성하는 것이 좋다. 이때 마치 지하에 거대한 암석이 묻혀있고 이중 일부분이 지상으로 노출된 것처럼 표현하면 안정적이면서 과하지 않은 경관이 연출된다.

경사지에서 암석을 쌓을 때는 무게 중심이 아래로 가도록 하고 되도록 크고 평편한 돌을 이용해 사면에 박혀 있는 것처럼 안정되게 놓는다. 하지만 큰 암석만을 사용하면 크기의 변화감이 없으므로 큰 암석 사이에 중석 및 자갈을 끼어 넣고 그 틈에 식재지를 만들어 준다. 위로 쌓는 암석들은 기반 암석보다 다소 작은 것을 이용하고 비스듬한 돌로 리듬감 있게 배치하면 좋다.

화담숲 암석원 내 동선

암석과 암석 사이에는 고산식물 식재를 위한 충분한 공간을 조성해야 한다. 특히 집단적인 암석지 옆으로는 식재지도 넓게 조성해 암석지와의 규모감을 맞춰주는 것이 좋다. 또 대부분의 암석원에서는 잔디와 수경관을 함께 조성하는데 이는 거칠고 웅장한 암석과 대비되는 부드럽고 유연한 요소와의 조화를 위함이다. 때로는 동선(산책로)이 이러한 역할을 하기도 하는데 경사진 암석지를 수평면으로 받쳐서 암석원의 동적인 지형을 더욱 부각시켜준다.

① 암석의 종류

암석원에 사용되는 암석은 그 지역에 분포하는 자연석을 활용하는 것이 좋다. 그래야 이질감이 없고 주변 경관과 잘 어울릴 수 있다. 또한 자연석의 경우 지의류나 이끼가 붙어 있어 고태미古態美를 느낄 수 있다. 하지만 자연석은 구입이 어렵고 고가이기 때문에 가공석이나 채석한 지 오래되지 않은 질감이 거친 암석을 사용하기도 한다. 암석은 그 종류와 형태에 따라 배치 방법이 달라지는데 암석원에 많이 쓰이는 대표적인 암석 종류는 화강암, 현무암, 석회암, 사암 등이다.

화강암은 우리나라에서 흔히 볼 수 있는 암석 중 하나로 분홍색, 밝은 회색을 띠며 각석, 환석, 평석 등 형태가 다양하다. 마그마에 의해 생성된 화성암의 일종으로 마그마가 땅속 깊은 곳에서 서서히 식어서 만들어진 암석이다. 약산성을 띠며 어렵지 않게 구입이 가능하다. 자연풍경식 배치에 유용하고 특히 고산지대의 분위기를 잘 살려준다. 이때 특이한 형태의 괴석보다는 각석을 이용하는 것이 더욱 효과적이다.

현무암은 주로 제주도 및 한탄강, 백두산 등지에서 나오며 검거나 짙은 회색을 띤다. 마그마가 화산 활동으로 지각을 뚫고 용암으로 분출된 후 지표면 밖에서 굳어져 만들어진 암석이다. 보습력이 뛰어나고 통기성이 좋아 암석원에 쓰기 좋다. 현무암 역시 자연풍경식으로 배치하기 좋고 특히 색감이 짙고 어두워 암석식물과의 조화가 뛰어나다.

사암은 대부분 각석이면서 평석으로 다소 변화가 없는 형태이지만 색감과 질감이 자연스럽고 보습력이 뛰어나 유럽의 암석원에서 많이 쓰인다. 사암은 지층에 따라 편평하게 절리되기 때문에 계단석처럼 보이는 특징이 있다. 계단처럼 층층이 놓거나 쌓으면서 배치하는 것이 좋다. 하지만 국내에서는 사암을 구하기가 어려워 암석원에 사용되는 경우가 드물다.

석회암은 일반적으로 괴상이나 층상의 암석이다. 백색 또는 회색인데 불순한 것은 암회색이나 흑색을 띤다. 석회암은 탄산칼슘이 주성분으로 점토와 섞어 시멘트의 원료로 이용되고 있고 이산화탄소가 녹아있는 물과 반응하면 용식작용이 일어나기 때문에 암석원에 석회암을 이용하면 토양 PH가 높아져 산성식물을 전시하기 어렵다. 하지만 석회암을 좋아하는 고산식물을 위해서는 유용하게 사용할 수 있다.

화강암

현무암

사암

석회암

② 선택 기준

암석을 선택할 때에는 미적·기능적 이용성 및 구입 가능 여부, 비용 등 여러 가지 요인을 고려해야 한다. 그러나 가급적 화강암granite이나 편암schist 같이 입자가 치밀하고 단단해 물이 잘 침투되지 않는 경암hard rock보다는 다공질의 암석을 사용하는 것이 암석식물을 전시하는 데 효과적이다.

현무암과 사암(특히 퇴적이 잘되어 견고한 종류) 그리고 과도하게 용해되지 않은 석회암은 이런 면에서 암석원에 매우 유용한 암석들이다. 화강암과 같이 단단한 경암 또한 암석원에 이용할 수 있으나 풍화되는 시간이 오래 걸리고 이끼나 지의류 등도 연암보다 늦게 붙는다.

자연에 노출되어 빗물에 퇴색된 석회암은 아름답기는 하지만 산성식물을 식재하기 어려운 단점이 있다. 단 석회암이 녹아 탄산칼슘에 의해 형성된 튜파Tufa는 부드러운 연암soft rock에 속하고 다공질로 다루기가 쉬워 석회암 식물을 전시하는 데 용이하며 유럽의 암석원에서 애용된다. 단, 암석 외형이 비슷해 변화감이 없는 것이 단점이다.

암석원을 조성할 때에는 가능한 동일한 종류의 암석을 사용하는 것이 좋다. 그것이

용토 포설

표6. 고산식물 종류에 따른 식재용토 조합

서식지	식물종	특징	토양비율
일반 고산지	담자리꽃, 피뿌리풀, 암매, 구상나무, 노간주, 왜성침엽수, 털진달래, 황산차, 산진달래, 좀참꽃, 물싸리, 금마타리, 두메오이풀, 한라개승마, 주저리고사리 및 왜성침엽수 등 대부분의 고산식물	적당한 보습력, 탁월한 배수력	①
고산 전석지	솔다리, 구름떡쑥, 섬바위장대, 섬잔대, 구름털제비꽃, 금강봄맞이(반음지성), 구름국화, 바위구절초, 고산성 Gentiana	표면 건조와 완벽한 배수력	암석 부스러기+ ①
알칼리성 토양	다육식물(Sempervivum), 고산바위취(Saxifraga), 부싯깃고사리, 골고사리, 개부처손, 산토끼고사리	석회암 지대	석회암 자갈 + ③
산성 토양	월귤, 노랑만병초, 백산차, 진퍼리꽃, 석남, 가솔송, 설앵초, 끈끈이주걱 등	이탄성 토양, 적절한 보습력, 배수력	②
산성 토양 (습)	조름나물, 황새풀, 큰방울새란, 진퍼리사초, 대택사초, 해오라비난초 등	이탄성 토양, 습지, 수변지역	④
부엽성 토양	Gunnera, 도깨비부채, Lysichiton, 산부채, 부채붓꽃, 제비붓꽃, 금매화 등	충분한 보습력, 풍부한 유기물	⑤

① 마사 3 : 피트 1 : 부엽 1, ② 마사 2 : 피트 2 : 부엽 1, ③ 마사 2 : 부엽 1 : 퍼라이트 0.5, ④ 마사 1 : 피트 2 : 수태 1, ⑤ 마사 1 : 피트 1 : 부엽 1

불가능하다면 적어도 주요 지역 내에서는 같은 질감과 색감의 암석을 이용하도록 한다. 그래야 경관이 이질적이지 않고 편안해진다. 암석의 크기는 장비로 다룰 수 있는 한도 내에서 정하고 암석원의 규모를 고려해 결정한다. 부지가 클 경우에는 무리하게 큰 암석을 쓰기보다 적당한 크기의 암석 여러 개를 모아 조성하는 것이 좋다.

4) 용토 포설

조성 부지 내 기존 토양은 반드시 걷어낸 후 암석원용 토양 구조(풍혈지)로 대치해야 한다. 토양 구조는 밑에서 위로 갈수록 구성 요소의 크기와 공극을 작게 해 배수는 원활하고 상부의 식재용토는 유실되지 않도록 한다.

식재용토는 고산식물의 종류에 따라 다르나 대략 〈표6〉과 같이 구분할 수 있다. 그러나 일반적으로 마사 : 피트모스 : 부엽 = 3 : 1 : 1로 혼합해 사용한다. 식재용토는 얕을 경우 보습력이 떨어지고 너무 두터울 경우 배수에 문제가 생길 수 있다. 약 10~15cm 정도가 가장 적당하며 마사층 위로 일률적으로 포설한다. 단 왜성 침엽수 등 목본식물을 심을 경우는 식재할 장소에 한해 나무 크기를 고려해 조절한다. 일반적으로 관목이나 왜성 침엽수는 약 30~50cm 깊이가 적당하다.

식물 식재

1) 식물 식재

식재 기반이 마무리 되면 식물을 식재한다. 새롭게 조성된 암석원의 경우 용토가 암석 사이에 안정적으로 고정되어 있지 않아 식재 전에 충분히 관수를 하거나 비가 오고 난 후 시행하는 것이 좋다. 또 식물을 심을 때는 토양에 어느 정도의 수분이 필요하므로 만져 보았을 때 물기는 있지만 뭉쳐지지 않는 정도가 적당하다. 식물은 강한 햇빛과 바람에 노출되지 않도록 유의하고 식물의 분이 깨지지 않도록 조심스럽게 다룬다. 식재 거리는 식물이 성장한 후의 크기를 고려해 배치하고 식재 후에는 물을 충분히 준다.

고산지대를 모델로 한 자연형 암석원을 조성할 때 식물 식재는 되도록 자연스러운 느낌과 편안한 경관이 연출되도록 계획한다. 식물은 종에 따라 어느 정도의 규모를 갖춘 그룹으로 배식하고 각 그룹의 형태와 면적은 가급적 부정형으로 배치한다. 여러 가지 종류의 식물을 소량씩 섞어 심거나 똑같은 패턴으로 반복적으로 심지 않도록 주의한다.

식물 식재

식재 후 전경, 국립백두대간수목원 암석원

매트형으로 바닥으로 낮게 자라는 식물들은 다른 키 있는 식물에 비해 넓은 면적으로 받쳐주듯 배치한다. 주름잎속*Mazus*, 백리향속*Thymes*, 포복성 프록스속*Phloxes* 등이 대표적인데 이러한 식물들은 다른 몇 가지 종류의 식물 군락을 함께 받쳐주면서 각각의 식물 특성을 부각시켜주고 대비되는 산만함을 조율해주는 역할을 한다.

식물을 배식할 때 중요한 것은 식물 종에 따라 식재 환경이 다르다는 것이다. 패랭이꽃속*Dianthus*은 볕이 잘 드는 양지에, 앵초속*Primula*은 반음지에, 라몬다속*Ramonda*은 수직으로 갈라진 바위틈에 심는다. 토양 산도에 민감한 식물은 PH를 맞춰준다.

식재 환경과 토양 조건이 갖추어지면 식물의 형태와 잎의 모양, 꽃의 개화시기, 색깔 등 다양한 요소를 고려해 배식한다. 식물 배식은 식물종이 다양하고 고려해야 할 사항들이 많아 오랜 경험과 숙련된 감각이 요구된다. 이를 위해서는 우선 각 식물 종이 자연에서 서식하는 생태적 조합의 특징을 연구하고 이를 바탕으로 디자인에 응용하는 것이 도움이 된다. 중요한 것은 다양한 식물을 식재할 때 처음부터 모든 식물의 특징을 완벽히 파악하는 것은 어려운 일이므로 실수할 수 있다는 것을 인정하는 것이다. 시간을 두고 잘못된 것은 하나씩 수정해 나가면 된다. 정원은 한 번에 완성되는 결과물이 아니라 오래도록 식물과 함께 만들어나가는 과정임을 인지해야 한다.

수목은 암석원에서도 중요한 역할을 한다. 암석원 외곽으로는 일반적인 교목류나 침엽수를 부분적으로 식재해 겨울철 북서풍을 차단하고 이질적인 주변 경관을 차폐하기도 한다. 그러나 원 내부에는 고산식물의 식재 여건과 스케일을 고려해 큰 나무를 심지 않는 것이 좋다. 대신 왜성관목이나 왜성침엽수를 이용해 정원의 골격을 잡아주는데 전나무속*Abies*, 향나무속*Junipers*, 소나무속*Pinus*, 만병초속*Rhododendron*이 대표적이다.

왜성관목 및 침엽수는 능선이나 정점 등에 배치해 주요 경관 포인트로 활용한다. 배경식재로도 사용되고 일률적인 스카이라인에 변화를 주기도 한다. 지형의 변화감을 더욱 강조하기도 하고 바람이나 강한 햇빛을 차단해 암석원 내의 미기후를 조성하기도 한다. 또한 대부분 상록성으로 겨울철 볼거리를 제공하는 데도 일조한다. 수목을 선정할 때는 잎의 색감과 질감, 수형, 꽃 등을 고려해 선발한다.

조성 초기부터 큰 나무를 고집할 필요는 없다. 처음부터 계획했던 경관을 완벽하게 연출하고 싶은 욕심이 있겠지만 국내에서 유통되는 왜성관목이나 침엽수는 대단히 한정적이고 대부분 묘목 단계의 작은 개체들이다. 일부 성목이 있다 해도 고가로 판매되어 비용 부담이 크다. 따라서 구입이 용이한 종은 성목을 이용하되 그 외 외국품종들이나 희귀종들은 가급적 묘목이나 중간 크기의 나무를 구입한다. 또 묘목일수록 수목 이식 시 뿌리 손상이 적어 식재 후 적응력이 뛰어난 장점도 있다.

우리나라에도 암석원에 적합한 자생 수목들이 많이 있다. 구상나무, 눈향나무, 노간주나무, 섬잣나무, 눈잣나무, 눈측백, 주목 등은 대표적인 침엽수다. 그 외에도 산철쭉,

큐 가든 암석원의 왜성관목

일반적인 암석식물의 멀칭   고산습지의 멀칭

털진달래, 노랑만병초, 들쭉나무, 월귤, 백산차, 황산차, 난장이버들, 콩버들, 제주산버들, 한라산 백당나무 등의 고산성 식물을 비롯해 회양목, 댕강나무, 매자나무, 노린재나무, 구슬댕댕이, 산조팝나무, 팥꽃나무 등이 있다. 특히 한라산에 자생하는 산철쭉과 털진달래 및 백당나무 등은 가지가 치밀하고 왜성 형질이 뚜렷해 암석원에 식재하기 좋다.

2) 토양 피복

식재 후에는 토양을 피복한다. 토양 피복_{Mulching}은 복사열을 최소화하고 잡초를 방지하고 토양의 습도를 유지해준다. 암석원의 경우 멀칭의 주 재료는 마사, 송이, 왕사 및 암석 부스러기 등이다. 배치된 암석의 종류와 색감, 질감 및 원하는 토양 PH에 따라 적절하게 선정해 사용하면 된다. 단, 암석원 중에서도 연못이나 계류 주변 등 고산습지식물을 전시한 곳에는 바크나 우드칩을 이용해 피복한다.

조성 후 관리

1) 계절별 관리
① 봄
이른 봄에는 겨울 동안 월동을 위해 덮어두었던 볏짚이나 부엽 등을 제거한다. 겨울철에 흔히 발생하는 2년생 잡초도 뽑아준다. 월동용 볏짚이나 부엽을 제거할 때는 햇빛이나

바람이 없는 흐리고 습기 있는 날을 이용하고 한 번에 완전히 제거하지 말고 성장 단계에 따라 두세 번에 나누어 시행한다.

서리로 인해 뿌리가 드러난 식물은 다시 식재하고 뽑혀있는 식물 표찰을 확인해 재배치한다. 목본성 식물은 줄기가 마르거나 잎눈이 죽어있는 경우 성급하게 뽑아내지 말고 일단 고사된 부분만 전정해 둔다. 다소 늦어지긴 하지만 뿌리 주변의 줄기에서 잎이 돋아나는 경우가 종종 있다.

정리가 끝나면 덧주기top dressing 작업을 시행한다. 덧주기의 주재료는 암석원 용토에 들어가는 피트모스와 왕사, 암석부스러기 등이며 이를 혼합하거나 단용으로 사용한다. 산성을 좋아하는 식물이 전시된 지역에는 피트모스, 알칼리성 식물이 식재된 곳에는 석회암 부스러기나 농업용 생석회를 혼합한다.

비교적 풍부한 영양을 필요로 하는 앵초속Primula과 왜성침엽수를 포함한 관목류의 경우는 시중에 나오는 잘 말린 소량의 우분이나 골분 등을 덧주기 재료와 혼합하거나 단용으로 시비한다. 많은 시비는 오히려 독이 될 수 있으므로 소량씩 여러 번에 나누어 준다. 대다수의 암석식물은 별도의 영양분을 필요로 하지 않으며 토양이 비옥할 경우 무성하게 자라는 등 오히려 해가 될 수 있으므로 주의한다.

② 여름

여름철 관리는 주로 제초와 관수 작업이다. 실외에 조성된 암석원의 경우 가뭄 등의 특별한 이유가 아니면 별도의 관수는 필요 없다. 다만 관수를 시행해야 할 때에는 한 번에 토양 깊이 약 10~15cm까지 젖을 수 있도록 물을 충분히 주고 그 후 토양 표면이 1~2cm 정도 마를 때까지 기다렸다가 다시 주도록 한다.

암석원의 제초 작업은 특별한 지식이 요구되는 까다로운 작업이다. 암석원에는 많은 종과 변종 및 품종들이 자라고 있으므로 전시한 식물과 잡초를 구분 할 수 있는 경험자에게 일을 맡겨야 한다. 또 구입이 어려운 희귀종들이 암석원 내에서 결실되어 발아되는 경우가 있는데 이러한 진귀한 묘목들을 발굴하는 기회를 주기도 한다. 더욱이 가까이서 식물을 관찰하면서 식물의 성장 방식이나 특징 등을 이해할 수 있는 좋은 공부가 된다.

여름철에는 다음해 양호한 개화 생장을 위해 시든 꽃을 적심하고 반녹지삽이 가능한 시기이므로 필요에 따라 삽목을 하기도 한다.

③ 가을

가을은 암석원을 정리하는 시기다. 상록다년초를 제외하고 여름철까지 무성하게 자라던 다년생 식물과 봄에 일찍 꽃을 피우는 내한성이 강한 구근류의 마른 줄기를 잘라 정리한다. 지역에 따라 월동준비를 하기도 한다.

　　암석원 식물들은 일반적으로 내한성이 뛰어나지만 매우 추운 지역에 조성된 암석원의 경우 상대적으로 내한성이 약한 관목류 등의 식물을 대상으로 월동을 위한 보호 대책이 필요하다. 월동준비는 땅이 깊이 6~10cm 정도 얼 때까지 기다려야 한다. 그 이전에 시행했을 경우 쥐와 같은 설치류가 집을 지어 식물에게 해를 끼칠 수 있다.

　　월동재료로는 볏짚, 우드칩, 부엽 등을 사용할 수 있으며 특히 잎이 달린 침엽수의 가지 등이 유용하다. 월동재료로 지면을 덮을 때는 충분히 공기가 순환되도록 너무 두껍지 않게 덮는다.

2) 식물 번식

암석원 관리에서 식물 번식은 매우 중요하다. 암석식물 중에는 오래 살지 못하는 다년생 초본식물이 많고 자라는 과정에서 겨울철의 극단적인 조건, 여름철의 고온다습한 기후, 기타 병해충 등으로 문제가 발생할 수 있기 때문이다. 따라서 이러한 문제에 취약한 종류들은 미리 모주식물stock plants로 번식할 필요가 있다.

① 포기나누기

포기나누기는 가장 단순한 번식 방법이다. 모주는 남겨두고 적당한 크기로 뿌리를 나누는 것으로 뿌리가 손상된 만큼 줄기와 잎을 적당히 잘라 균형을 맞춰주는 것이 필요하다. 꼬리풀속Veronica, 앵초속Primula, 쑥부쟁이속Asters에 유용하며 매트형mat type으로 자라는 백리향속Thymes이나 주름잎속Mazus 등은 단순하게 오래된 포기를 나누어 심으면 쉽게 번식된다.

　　포기나누기한 개체는 암석원에 직접 심거나 화분으로 옮긴다. 이때 화분은 너무 크지 않은 것이 좋고 용토는 암석원 용토와 유사하게 하거나 이보다 토양 공극이 큰 마사, 왕사, 펄라이트 등을 추가해 배수가 잘되게 한다. 이식 후에는 새로운 뿌리가 착근하기 쉽도록 관수를 충분히 한다.

② 삽목

삽목은 뿌리 없이 번식하는 가장 기본적인 방법이다. 그러나 새로운 뿌리가 나올 때까지 특별한 관리가 요구된다. 삽목 용토는 오염되지 않은 깨끗한 것을 사용하고 지속적으로 습기가 유지되도록 관수한다. 삽목상은 바람을 막아주고 직사광선을 피해 그늘을 만들어 주며 공중습도를 높여주어야 한다.

삽목의 종류는 근삽과 줄기삽이 있다. 먼저 근삽은 겨울철이나 이른 봄에 지난해 새로 자란 뿌리를 잘라 삽목하는 방법이다. 겨울철 다년생초본은 줄기가 말라버리기 때문에 근삽을 이용하면 좋다. 근삽은 냉상을 이용하며 용토는 식재 용토와 유사하게 만들어 늘 습기 있게 관리한다. 삽수는 2~3개의 눈이 있는 뿌리를 6~12cm 정도 잘라 묻으면 된다.

줄기삽은 늦은 봄에 줄기가 굳기 전에 하는 녹지삽과 여름철에 어느 정도 줄기가 굳은 다음 하는 반녹지삽 그리고 겨울철에 줄기가 완전히 굳은 다음 하는 숙지삽이 있다. 왜성만병초류*Rhododendron*와 왜성침엽수 등은 숙지삽으로 번식하는데 특히 만병초류는 삽목상을 비닐로 밀폐해 공중습도를 높게 해줘야 한다.

삽수의 길이는 종류에 따라 다양하다. 삽수는 날카로운 칼로 마디 아래 기부를 자르고 아래 잎을 떼어낸다. 삽수를 용토에 1/3 정도 꽂고 물을 고르게 뿌려주며 특히 관수 시 삽수기부에 용토가 잘 메워지도록 충분히 물을 주고 비닐 커버를 덮는다. 비닐 커버는 상부를 칼로 잘라 공중습도는 유지하되 환기가 되게 하고 온도가 너무 올라가지 않도록 유의하며 50~70% 정도 차광한다.

뿌리가 내리면 작은 화분으로 옮겨준다. 화분 바닥은 배수가 원활하도록 작은 자갈이나 깨진 토기 화분조각을 놓고 용토를 그 위에 채워가며 식물을 식재한다. 식재 후 충분히 관수한다.

③ 종자 파종

종자는 많은 야생식물 종의 모수를 얻는 좋은 재료이지만 정원에 식재된 변종이나 품종에서 수집된 종자는 믿을 수가 없다. 원종이라 할지라도 여러 종류를 함께 식재한 정원에서는 다른 종간 또는 속간 교배가 자유롭게 이루어질 수 있어 유전적으로 모수로서의 가치가 떨어진다. 패랭이꽃속*Dianthus*, 매발톱꽃속*Aquilegia*, 바위취속*Saxifraga*, 상록바위솔속*Sempervivum* 등이 대표적이다.

고산식물의 종자는 대부분 휴면한다. 따라서 휴면타파를 위해 약 1개월 또는 3개월 이상 저온처리를 해야 한다. 저온처리는 발아하기 전 종자를 파종해 냉상에 모래에 묻어 두거나 냉장고 5℃ 정도에 모래나 피트모스에 혼합해 최소 3~4개월 동안 습윤 저장하면 된다. 파종은 2월경 비닐하우스 내에서 하고 파종상은 햇빛이 잘 들고 통풍이 좋은 곳에 배치하는 것이 좋다.

고산식물의 종자발아를 위해서는 파종상의 용토 배합이 중요하다. 기본적으로 암석식물 파종 용토는 다음의 세 가지 유형을 따른다.

- 첫 번째: 알칼리성 토양에 서식하는 식물을 위한 석회가 포함된 용토

  마사(왕사) : 석회암부스러기 : 부엽(낙엽수) = 1 : 1 : 1

- 두 번째: 숲속에 자라는 식물을 위한 석회가 없는 부엽이나 피트모스가 많은 용토

  마사(왕사) : 부엽이나 피트모스 = 1 : 1

- 세 번째: 암석식물을 위한 가장 일반적인 종류로 배수가 원활한 용토

  마사(왕사) : 부엽이나 피트모스 = 2 : 1

유약을 바르지 않은 토기화분은 암석식물의 파종상으로 유용하다. 토기화분은 발아 과정에서 통풍이 좋고 발아 후 이식 과정을 생략할 수 있다. 크기는 깊이 12cm, 폭 7cm 정도가 적당하다. 특히 고산식물은 발아 과정에서 지상부보다 지하부의 성장이 빠르고 직근이 두드러지게 발달하므로 일반적인 파종상보다 다소 긴 것을 사용한다. 두메자운속*Oxytropis*이나 황기속*Astragalus*의 경우 발아 후 본엽이 나온 직후 줄기는 1cm 정도이지만 뿌리는 10cm에 이른다.

토기화분 내에는 바닥부터 굵은 마사 4cm, 가는 마사 3cm, 식물의 특성에 따라 위의 3가지 용토 중 하나를 선택해 4~5cm 정도를 차례로 채우고 파종한다. 파종 후에는 물을 충분히 주며 관리한다. 발아 후 항상 축축하게 유지하는 것이 중요하며 좀 더 세밀한 관찰과 관리가 이루어져야 한다. 긴 토기화분이 아닌 일반 파종상에서 발아한 것은 본엽이 2~3장 나올 때쯤 긴 화분으로 이식한다.

특히 장마철에는 입고병, 무른병 등에 걸리기 쉬워 지면보다 1m 정도 올라온 곳에 놓아두는 것이 좋고 용토가 과습하지 않도록 유의해야 한다. 또한 일조량이 풍부한 여름철에는 약간의 차광이 필요하며 기온이 32℃ 이상 올라가면 관수를 하거나 대형선풍기 등으로 시원하게 한다.

04.
암석원의
응용

정원을 만들다 보면 일반적인 식물을 심기 어려운 자투리 공간이 생기곤 한다. 대부분 토양층이 얕아 쉽게 건조해지는 곳인데 시설물 경계부나 산책로의 판석 틈과 같은 곳이 대표적이다. 만약 해당 부지가 음지라면 아이비(*Hedera*속)와 같이 건조와 그늘에 동시에 강한 식물을 식재하거나 과감하게 식재를 포기하고 자갈과 같은 소재를 덮어 마감하는 것이 좋다. 반대로 해가 잘 드는 양지라면 건조에 강한 암석식물을 심을 수 있다. 악조건이라고 여겨지던 공간도 다시 생각해 보면 척박하고 건조한 토양에서 서식하는 식물들을 도입해 심어 볼 수 있는 새로운 기회가 될 수 있다.

월 가든 Wall Garden

월 가든Wall Garden은 이름 그대로 담장을 쌓아 만든 정원이다. 담장의 윗면과 수직면의 돌 틈에 고산식물을 비롯한 암석식물을 소재로 암석원 조성 기법에 맞게 식재하는 정원 양식이다. 월 가든은 자칫 차갑고 경직돼 보일 수 있는 담장에 생명력을 불어넣어 아름답고 매력적인 공간으로 변화시킨다.

영국 위슬리 가든의 월 가든

　월 가든은 자연 둔덕의 한쪽 사면을 이용해 옹벽처럼 만드는 방법과 평지에 낮은 돌담을 쌓아 만드는 방법이 있는데 여기에서는 후자에 대해 설명한다. 월 가든은 바람이 적고 햇빛이 잘 드는 평지에 조성하는 것이 좋고 규모는 자유롭게 하되 최소 폭 0.5m, 높이 0.6m, 길이 2m 정도는 되어야 좋다.

　돌은 평평한 형태의 편암(片岩)을 주로 사용하는데 편암은 쌓았을 때 안정감이 있고 돌과 돌 사이에 식물을 식재하기가 쉽다. 크기는 300×200×100mm 정도가 좋지만 규격에 맞는 것을 고르기가 쉽지 않기 때문에 되도록 운반하기 쉽고 평평한 것을 고르면 된다. 단 너무 작은 돌은 쌓기가 어려우므로 피한다.

　월 가든을 조성할 때는 조성지 하부에 터파기를 시행해 배수층을 조성한다. 배수층이 제대로 조성되지 않으면 빗물이 돌담 사이로 흘러나가면서 용토가 함께 유실되거나 식물체가 떨어져나갈 수도 있으므로 주의한다.

월 가든의 식물들,
현호색속(*Corydalis*)

할미꽃속(*Pulsatila*)

조성 방법

- 재료 - 자연석(300×200×100mm), 자갈, 굵은 마사, 진흙, 용토, 식물
- 용토 - 피트모스 : 마사 : 부엽 = 1 : 3 : 1
- 전체 크기는 폭 0.5~0.6m, 높이 0.6~1.0m 정도로 하고 길이는 여건에 따라 조절한다.
- 조성지 하부로 깊이 20cm 정도를 터파기 한다.
- 터파기 한 공간으로 자갈을 채워 배수층을 조성한다.
- 조성지의 지면을 고르게 정리하고 계획된 담장의 크기에 맞게 각 모서리에 기준점을 표시할 기둥을 세운다. 기둥은 각목이나 파이프 등을 이용한다.
- 지면에서 15cm 정도 높이를 띄워 줄을 친다.
- 기초가 되는 첫째 단은 돌을 15cm 높이에 맞게 반듯하고 안정되게 놓는다.
- 첫째 단 안쪽으로 20mm 크기의 쇄석을 두께 5cm 이하로 고르게 채운다.
- 쇄석 위로 굵은 마사를 첫째 단 높이까지 고르게 채운다.
- 굵은 마사 위로 식재용토를 채운다. 용토는 첫째 단 돌 윗부분까지 채운다.
- 식재용토 위로 둘째 단 자연석을 조심스럽게 얹어 쌓는다.
- 돌을 얹어 쌓고 용토를 채우는 과정을 반복하는데 이때 용토는 자갈과 혼합해 사용하고 용토를 채울 때는 돌 윗부분까지 고르게 올려 채운다.
- 월 가든은 가능한 높이가 1m를 넘지 않도록 한다.
- 마지막 단은 멀칭을 고려해 돌담 높이에서 3~5cm 가량 아래까지 용토를 채운다.
- 돌 틈 사이에 미리 계획해둔 식물을 배치해 심고 진흙으로 구멍 주위를 막아준다.
- 윗면에도 식물을 심고 정제마사로 멀칭한다.

월 가든 조성 과정

배수층 조성과 용토 포설은 암석원 조성 방법과 유사하며 식재식물은 고산식물 또는 다육식물을 중심으로 전시한다. 주로 쌓아올린 돌 틈에 식재하기 때문에 아래로 늘어져서 잘 퍼지고 건조에 강한 식물을 선택하는 것이 좋다.

패이빙 가든Paving Garden

패이빙은 포장 공간을 말한다. 정원에서 포장 공간은 단순한 동선의 역할이라기보다 정원의 디자인을 구성하는 중요한 요소가 된다. 여기서 더 적극적으로 포장 공간을 정원과

패이빙 가든 조성 사례, 서귀포 K주택

결합한 것이 패이빙 가든Paving Garden이다. 패이빙 가든은 포장 공간 안으로 식재지를 도입해 식재지와 포장 공간이 구획되어 나누어지지 않고 하나로 어우러지도록 조성한 정원이다. 식재지는 깊이가 낮더라도 암석원과 유사하게 배수층과 용토층을 분리하여 조성하고 암석식물이나 그라스류Grass 등을 식재한다.

　　패이빙 가든에 유용한 대표적인 식물로 한라산에 서식하는 백리향이 있다. 한라산 백리향은 다른 백리향에 비해 더욱 촘촘하고 낮게 자라는 특성이 있어 돌 틈이나 판석 사이에 쓰기 좋다. 또 수평면의 포장면과 대비되는 유연한 선형의 그라스류Grass도 패이빙 가든에 이용하면 좋다. 패이빙의 포장 소재는 목재나 판석, 자연석 등을 다양하게 이용할 수 있다. 원하는 디자인에 따라 포장 공간과 식재 공간을 배치하되 동선의 기능적

제주 비오토피아 E-24주택

인 면을 고려해 통행에 불편함이 없도록 유의한다.

패이빙 가든은 암석식물을 배려해 볕이 잘 드는 동남쪽으로 배치하는 것이 좋다. 만약 포장공간이 그늘진 곳이라면 암석식물 대신 이끼나 왜란과 같은 키가 작고 조밀한 음지성 초본을 이용한다.

싱크 가든Sink Garden

싱크 가든Sink Garden은 자연석으로 석함을 만들어 그 안에 암석식물을 전시하는 방법이다. 우리나라에서 자생식물을 이용해 만드는 분경 작품이 이와 유사하다. 그러나 자연석을 이용해 석함을 만들려면 비용이 많이 들고 무게가 많이 나가 이동의 불편함이 있어 흔히 인공적인 재료를 이용해 제작한다.

식물Plants

월 가든, 싱크 가든과 같은 암석원 조성 기법을 응용한 대부분의 정원들은 공통적으로 토심이 얕고 척박한 곳이다. 때문에 건조에 강하고 작고 촘촘하게 자라는 암석식물을 이용하기 좋다. 대표적으로 많이 사용되는 식물들은 자생식물의 경우 한라구절초, 백리향, 섬백리향, 돌양지꽃, 할미꽃, 눈개쑥부쟁이, 좀바위솔, 바위솔, 섬기린초, 돌단풍, 석창포 등이 있다. 외국식물 중에서는 셈퍼비붐Sempervivum, 바위취속Saxifraga, 패랭이속Dianthus, 아르메리아Armeria 등이 있으며 최근에는 다양한 품종들이 국내에 도입되어 유통되고 있으므로 쉽게 구입이 가능하다.

싱크 가든 형틀 준비

- 합판을 이용해 형틀을 제작한다. 크기는 원하는 디자인에 맞게 조절하되 싱크의 두께가 10cm 정도 되도록 외부 형틀과 내부 형틀을 제작한다.
- 제작한 형틀에 오일을 약간 희석해 붓으로 고루 발라둔다.
- 외부 형틀과 내부 형틀을 각각 조립한다.

싱크 재료 준비

- 재료 - 왕모래, 피트모스, 펄라이트, 시멘트
- 모래는 체로 쳐서 2mm 이상의 입자를 선별해 놓는다.
- 피트모스는 손으로 잘게 부수거나 체로 쳐서 덩어리가 없도록 준비한다.
- 펄라이트는 굵은 것으로 구입하고 봉투를 개봉하기 전에 잘 흔들어 세워 가는 가루가 밑부분으로 가라앉도록 한다.
- 준비한 모래 : 피트모스 : 펄라이트를 5 : 4 : 1의 비율로 충분히 섞어 배합한다.
- 위의 배합물에 다시 시멘트를 5만 넣어 골고루 섞어준다.
- 위의 배합물에 물을 넣어 혼합한다.
- 배합물의 비율은 조절이 가능하며 배합물에 따라 질감이 달라지므로 다양한 방법으로 시도해보면서 적당한 비율을 찾는 것이 필요하다.

싱크 제작

- 준비된 외부 형틀을 평평한 지면 위에 올려놓는다.
- 외부 형틀 안쪽 바닥에 배수구를 만들기 위한 나무토막을 4~5개 정도 세워놓는다. 이때 나무토막의 크기는 지름 4~5cm 높이 10cm 정도의 원기둥이나 사각기둥 모양이 적당하다.
- 외부 형틀 바닥에 10cm 정도 배합물을 붓는다. 이때 나무토막이 쓰러지지 않도록 주

의한다.
- 바닥이 어느 정도 굳어지면 외부 형틀 안에 내부 형틀을 넣고 외부 형틀과의 간격이 10cm가 되도록 잘 맞춰놓는다.
- 나머지 배합물을 형틀 사이에 채운다. 이때 배합물이 바닥 부분으로 계속 들어가지 않도록 미리 외부 형틀과 내부 형틀을 단단히 연결해둔다.
- 2~3일 후 형틀을 떼어내고 자연스러운 형태감을 주기 위해 철솔로 표면을 문질러 털어낸다.
- 2~3일 더 굳힌 다음 옆으로 뉘어 바닥의 나무토막을 작은 망치로 두드려 빼낸다.
- * 여름철엔 하루, 겨울철엔 3일 정도 굳힌 다음 철솔로 표면을 문질러 털어 내면 거친 마사가 드러나 자연석 함지 같은 질감을 얻을 수 있다.

식재

- 준비된 싱크를 원하는 장소에 옮겨 놓는다.
- 싱크 내부의 1/3 정도를 화분(토분) 조각이나 굵은 자갈로 채운다.
- 그 위로 콩자갈이나 굵은 쇄석을 3~4cm 가량 채운다.
- 그 위로 굵은 마사 또는 중간 크기의 쇄석을 2~3cm 가량 채운다.
- 잘 씻은 정제마사를 내부의 2/3 높이까지 채운다.
- 남은 공간의 반 정도를 식재용토로 채운다.
- 싱크의 크기를 고려해 적당한 규격의 자연석을 배치하고 나머지 용토를 채운다.
- 낮고 조밀하게 성장하는 암석식물을 선정해 심는다.
- 식물을 심은 후 작은 돌이나 정제마사 등으로 멀칭해 마무리한다.
- * 식재용토 = 피트모스 1 : 완숙부엽(1cm 체로 친 것) 1 : 정제마사 2

싱크 가든 식재 과정

표7. 월 가든, 패이빙 가든, 싱크 가든에 유용한 식물

식물명	학명	크기(cm)	개화기	꽃색	비고
한라구절초	*Dendranthema coreanum*	10~30	가을	흰색/분홍	낙엽성/국내종
백리향	*Thymus quinquecostatus*	5	늦봄	분홍	"
섬백리향	*Thymus quinquecostatus* var. *japonicus*	10	초여름	분홍	"
돌양지꽃	*Potentilla dickinsii*	15	초여름	노랑	"
할미꽃	*Pulsatilla koreana*	20	봄	자주	"
눈개쑥부쟁이	*Aster hayatae*	20	가을	분홍	"
좀바위솔	*Orostachys minuta*	5	가을	흰색	"
바위솔	*Orostachys japonica*	10	초가을	흰색	"
돌단풍	*Mukdenia rossii*	20	봄	흰색	"
섬기린초	*Sedum takesimense*	20	여름	노랑	상록성
석창포	*Acorus gramineus*	5	초여름	녹색	"
셈파비봄	*Sempervivum* sp.	5	여름	분홍 등	상록성/외국종
고산바위취	*Saxifraga* sp.	5	여름	흰색 등	"
상록패랭이	*Dianthus* sp.	10	봄	분홍	"
아르메리아	*Armeria* sp.	15	봄	분홍	"

싱크 가든 연출 사례, 기획전 '도시 농부의 하루'

습지원
Water Garden

최초의 생물은 물에서 탄생하여 진화를 시작했다. 인간도 양수에서 생명을 시작해 세상 밖으로 나온다. 이렇듯 물은 모든 살아있는 것들의 근원이고 중심이다. 또한 물은 낮은 곳으로 모인다. 모여든 물에 볕이 들면 조류가 생겨나고 우연처럼 플랑크톤이 나타난다. 그렇게 먹이사슬이 이어지면서 많은 생명들이 서로 관계맺음을 시작한다. 그리고 그 안에서 눈에 보이지 않는 질서가 생기고 균형이 잡힌다. 서로가 서로에게 꼭 필요한 만큼의 역할을 해나가면서 각자의 자리에서 충실하게 조화를 이루어가는 것, 생태적 균형은 엄중하고 위대한 질서처럼 느껴진다.

또한 물은 유연하다. 흐르고 채우고 비추어낸다. 모나지도 않고 도드라지지도 않는다. 세상을 오롯이 담아내는 물그림자를 보고 있으면 가슴이 뛸 때가 많다. 그래서일까. 사람들은 오래전부터 물을 가까이 두고 싶어 했다. 고대 이집트 왕조의 상형문자에는 연꽃을 나타내는 말이 종종 등장한다. 건조하고 사막이 많은 이집트에서는 농사를 짓기 위해 물을 끌어오는 관개시설이 발달했는데 이것이 연못을 만드는 기반이 되었다. 물론 연꽃의 아름다움을 관조하기 위함이기도 하지만 땅을 파고 멀리서 물을 끌어와 연못을 만드는 수고로움의 이면에는 물이라는 근원적인 생명력과 형용하기 어려운 아름다움을 곁에 두고 싶어 했던 바람이 있었던 것으로 보인다.

연못이 현재의 정원 개념으로 틀을 잡아나가기 시작한 것은 18~19세기 무렵부터다. 다양한 수련이 재배·보급되고 식물 시장이 체계를 갖추기 시작하면서 연못은 수생식물의 전시장으로 발전해갔다. 또한 습지의 중요성이 부각되면서 다채로운 습지생태계를 모델로 하는 생태연못이란 개념이 대두되기 시작했다. 생태연못Ecological Pond은 자연의 습지생태계를 디자인적으로 재현한 곳으로 안정되고 균형 잡힌 생태 기반을 바탕으로 다양한 수생식물을 도입하여 전시한 공간이다. 이를 시작으로 습지에 서식하는 다채로운 생명체들, 즉 수서곤충, 양서류, 조류 등이 서로 먹이사슬을 이루며 공존하는 비오톱Biotope을 지속적으로 지향한다.

　　국내에서도 과거 연꽃을 심고 관상어를 키우던 단순한 연못에서 벗어나 생태연못, 습지원 등의 이름으로 많은 정원들이 조성되고 있다. 그러나 물을 주제로 하는 정원은 그리 간단치가 않아 자연의 호소생태계에 대한 이해가 필요하고 이를 디자인적으로 어떻게 풀어가야 하는지가 중요하다. 또 조성 이후에는 관리의 문제가 남아있는데 특히 수질 관리의 어려움을 토로하는 경우가 많다. 생태적으로 얼마나 안정되어 있는가, 경관적으로 얼마나 조화로운가는 습지원의 가장 중요한 쟁점이다.

평강식물원 습지원

01.
습지원의 기반, 호소생태계

습지원

물을 주제로 하는 정원은 디자인적으로 크게 자연형 정원과 정형 정원으로 구분된다. 자연형 정원은 자연에서 볼 수 있는 다양한 수경관을 모티브로 조성되며 목적과 기능에 따라 작은 연못에서부터 대규모 습지원, 생태연못에 이르기까지 다양하다. 습지원은 일반적으로 자연의 호소생태계 중 소택지와 습원을 주제로 조성되며 생태적 자료를 근간으로 하는 균형적인 비오톱Biotope 조성을 추구한다. 또 규모가 큰 경우에는 계류와 폭포 등을 연계해 다양한 수경관을 연출하기도 한다.

자연형 습지원, 제주 비오토피아

정형 연못, 영국 위슬리 가든

반면 시설물과 연계되는 부분이나 정형적인 디자인의 공간 내에서는 사각, 원형 등의 정형적 연못이 조성되기도 한다. 이 경우 인위적인 소재를 많이 사용하고 물 가장자리 식재지를 조성하는 데 한계가 있어 대부분 화분을 이용해 제한적으로 식재를 한다. 단 수질 관리를 위해 물속으로는 침수식물 군락을 배치하기도 하는데 시각적으로 크게 영향을 미치지 않으면서 수질을 정화하는 능력이 뛰어나 이용 가치가 높다.

습지원을 조성하기 위해서는 그 기반이 되는 자연 생태, 즉 호소생태계에 대한 이해가 필요하다. 호소생태계는 물을 중심으로 형성되는 생물 군집과 물리·화학적 환경의 생태학적 단위로 호수, 늪, 소택지, 습원 등으로 구성된다. 호소생태계는 대규모 지각 변동에 의해 물이 고일 수 있는 환경 여건이 조성되고 거기에 물이 유입되면서 시작되며 주변 지형의 침식 및 퇴적, 식물의 유입 및 식물 사체의 퇴적 등으로 인해 수심이 점차 낮아지면서 호수에서 늪으로, 늪에서 소택지로, 소택지에서 습원의 과정을 거쳐 결국에는 육화되어 초지에서 숲으로 변해간다. 그러나 이러한 변천 과정 및 식생의 천이는 호소생태계가 처한 환경에 따라 다르며 기후는 이러한 변화에 가장 큰 영향을 미친다.

호소생태계의 종류

1) 호수
화산 폭발 등의 대규모 지각 변동으로 인해 생성되는 함몰지에 물이 유입되어 고이면서 형성되는 호소생태계의 초기 단계다. 일반적으로 5m 이상의 깊은 수심을 유지하는 곳을 호수라고 부른다. 물 가장자리 수심이 얕은 일부 지역을 제외하고는 수생식물이 살기 어렵다.

2) 늪
호수가 만들어진 후 시간의 흐름에 따라 지속적으로 퇴적이 진행되면서 수심이 5m 이하로 낮아지기 시작하면 늪이 된다. 수심이 얕아지면서 햇볕은 물 속 바닥까지 내리쬐고 검정말과 같은 침수식물들이 번성하기 시작한다. 온대지역의 경우 수심 2m 정도부터는 연꽃, 수련과 같은 부엽식물들이 들어오고 수심 1~2m 지역으로는 갈대와 부들 군락이 번성하기 시작한다.

3) 소택지

소택지는 늪에서 계속되는 퇴적으로 수심이 점차 얕아져 수심 1m 이하로 낮아진 단계다. 개수면이 좁아지면서 복잡한 형태를 띤다. 사초 군락을 중심으로 다양한 수변식물이 생육한다. 수변식물이 번성하면서 개구리, 잠자리, 물방개 등의 서식지도 조성된다. 습지원을 조성할 때 많이 활용되는 단계다.

4) 습원

습원은 개수면이 거의 없고 수심이 매우 얕거나 육화된 상태를 말한다. 기온이 낮은 고산지역이나 한대지역에서는 고사한 식물의 사체가 충분히 분해되지 않은 상태에서 퇴적·축적되어 이탄층을 형성하기도 한다. 습원은 습초지와 함께 나타나며 물이 스며들어 축축한 땅에는 다양하고 아름다운 수생식물이 분포한다. 지하수위에 따라 고층습원, 중간습원, 저층습원으로 구분하며 소택지와 더불어 습지원 조성의 중요한 자료를 제공한다.

5) 습지림

습원이 점차 육화되면서 습초지에서 습지림으로 천이가 진행된다. 습지림은 일반적인 숲에 비해 천이 속도가 느리고 종다양성이 떨어지는 특징이 있다. 낙우송, 버드나무류*Salix*, 참느릅나무, 솔비나무, 오리나무, 물황철나무 등이 대표 수종이다. 나무(교목)는 습지원의 골격을 잡고 원경을 구성하는 중요한 요소로 활용된다.

한라산 천백고지습지

일본 오제습원

제주 습지에 자생하는
솔비나무

평강식물원 습지원에
식재한 솔비나무

88

수련

호소생태계의 식물들

물을 기반으로 생육하는 식물들은 수심에 따라 큰 변화를 보인다. 그 외로도 뿌리가 내린 위치, 줄기의 곧고 유연함 등으로 특징을 지어 구분하며 크게 부엽식물, 정수식물, 부유식물, 침수식물, 호습식물로 나눌 수 있다.

1) 부엽식물Deep-Water Aquatic
부엽식물은 연꽃, 수련과 같이 뿌리는 물 바닥에 내리고 줄기는 물속에 있으나 잎과 꽃은 주로 수면 위에 떠있는 식물을 말한다. 수심 1~2m 내외에 서식한다. 대부분 잎이 커서 물속으로 투과되는 광량을 줄여 조류Algae의 생장을 억제시키고 더운 여름철 수생동물의 쉼터를 제공해 준다. 수면 바로 위에서 꽃이 피어 관상 가치가 높다.
- 종류 : 연, 수련, 가시연꽃, 각시수련, 왜개연꽃, 어리연꽃, 노랑어리연꽃, 순채 등

정수식물 군락

2) 정수식물Marginal Plants

뿌리는 바닥에 내리고 식물체의 일부는 물속, 일부는 물밖에 있는 식물을 정수식물이라고 한다. 1m 이하의 얕은 물가에 서식한다. 수서곤충 및 조류의 서식처를 제공한다. 수심이 얕은 곳에는 고랭이류, 골풀 등이 자라고 수심이 깊은 곳에는 갈대, 부들 등이 자란다.

- 종류 : 송이고랭이, 올방개, 골풀, 갈대, 부들, 줄, 도루박이 등

3) 부유식물Free Floating Plants

부유식물은 뿌리를 땅에 내리지 않고 자유롭게 수면 위로 떠다니는 식물이다. 잎은 물 위에 있고 뿌리는 물속에 있다. 수염뿌리가 발달하는 특징이 있다. 잎은 수면 위에서 햇볕을 차단하고 뿌리는 물속에서 유기물 등을 흡수해 조류의 번성을 제한하고 부영양화를 억제한다. 대부분 식물체의 크기가 작다. 영양번식으로 번식력이 뛰어나 정기적으로 제거해주는 것이 좋다.

- 종류 : 개구리밥, 은행이끼, 생이가래 등

생이가래

네가래

침수식물인 쇠뜨기말풀속(*Hippuris*)

4) 침수식물 Submerged Plants

침수식물은 물속 바닥에 뿌리를 내리고 몸체 대부분이 물속에 있는 식물을 말한다. 물밖에서 보이는 부분이 적어 관상 가치는 적으나 수질 관리를 위해 꼭 필요한 식물이다. 식물체 대부분이 물속에 있어 물속으로 다량의 산소를 배출하며 부영양화의 근원이 되는 조류의 번식을 제한해 뛰어난 수질 정화 능력을 보여준다. 가늘게 무수히 뻗은 잎은 어류의 번식처로 활용된다. 번식과 생장 속도가 빠르나 손쉽게 제거할 수 있어 관리도 무난하다.

- 종류 : 말즘, 나사말, 붕어마름, 검정말 등

5) 호습식물 Water Loving Plants

호습식물은 물 가장자리에서부터 수심 위 30cm 내외까지의 축축하게 젖어있는 토양에 서식하는 식물이다. 습원의 대표적인 식물 군락으로 수생식물 중에서도 꽃이 가장 아름답고 다양한 식물군이다. 습지원을 조성할 때 중요한 중심 소재로 사용된다. 적당한 그늘

호습식물 군락, 평강식물원 습지원

과 습도가 유지되는 부엽토를 제공하면 물이 없는 곳에서도 생육이 좋다.
- 종류 : 꽃창포, 동의나물, 곰취속*Ligularia*, 비비추속*Hosta*, 노루오줌속*Astilbe*, 앵초속
Primula 등

습지원 조성을 위한 생태계 기초

1) 습지생태계

습지생태계는 물, 공기, 무기물, 빛 그리고 식물, 미생물, 동물 등 많은 요인이 상호작용을 한다. 습지생태계는 이러한 구성 요소들이 적절하게 균형을 이룰 때 가장 안정적이다. 습지의 건강 상태는 습지의 크기, 모양, 물의 산성도, 공기와 빛이 닿는 수표면의 면적, 식재된 식물의 유형 등 모든 요소에 의해 영향을 받는다. 만약 생태적 균형이 파괴된다면 조류*Algae*가 급속히 번식하고 수질이 빠르게 악화되기 시작할 것이다.

2) 수질

물이 고이면 단기간 내에 햇빛의 영향을 받아 자연적으로 유입된 조류와 플랑크톤이 이상 증식해 부영양화를 유발한다. 연못의 경우 관상어와 같은 생태계 소비자가 배출하는 유기물질이 증가되고 산소가 줄어드는 등 급격히 수질이 악화될 것이다. 물속 용존산소량을 증가시킬 수 있도록 폭포를 만들거나 유기물을 제거하는 필터 펌프를 설치, 혹은 지속적으로 신선한 물을 공급하는 것도 수질 관리의 한 방법이다. 그러나 이 경우 설치비와 유지관리비가 많이 소요되며 이미 조성된 대규모 습지원의 경우는 오염된 수질을 완전하게 개선하기가 어렵다.

　　수질 관리를 위한 가장 좋은 방법은 연못이 스스로 수질을 유지할 수 있도록 유인하는 것이다. 단 생태적으로 조성한 습지원의 경우도 조성 초기에는 대부분 작은 유묘를 이용해 식재하기 때문에 식물이 안정적으로 정착할 때까지는 인위적인 관리가 필요하다. 그리고 침수식물을 적극적으로 이용하는 것도 수질 관리에 도움이 된다. 습지원의 면적이 크면 클수록 여러 생물의 상호작용으로 균형 잡힌 생태계가 잘 발달하며 수심이 깊을수록 수온 변화가 적어 생태계를 동요시키거나 파괴시키는 요인이 감소하게 된다.

3) 산소 상호교환

건강한 물은 생명을 유지시킬 수 있는 충분한 산소를 포함하고 있다. 물고기 등의 수생 동물은 산소를 흡수하고 이산화탄소를 배출한다. 침수식물은 광합성을 통해 이산화탄소를 흡수하고 물속으로 산소를 공급한다.

그러나 햇빛과 무기염이 충분한 상태에서는 조류 번식이 활성화되고 이로 인해 산소는 고갈되어간다. 조류의 지나친 성장으로 수질이 악화되면 빛이 부족해지고 식물은 부패하게 될 것이다. 고사되고 부패한 식물과 동물의 배설물은 물속에서 해로운 메탄가스를 생성하고 이러한 악순환은 생태계를 위협한다.

수생식물은 물속으로 산소를 공급해 수질을 정화시켜준다. 물 위로 떠다니는 부유식물이나 잎이 큰 수련과 같은 부엽식물을 식재하면 수면 위로 그늘을 만들어 빛을 차단하고 광합성을 통해 산소를 생성한다. 또 침수식물은 물속으로 산소를 다량 공급하고 조류와 경쟁적으로 영양을 섭취해 깨끗하고 건강한 연못을 유지시켜 준다.

평강식물원 습지원.
조성 후 2년 정도의 시간이 흐르면 수서생태계의 균형이 잡히면서
연못은 스스로 깨끗한 수질을 유지한다.

02.
사례를 통해 본
습지원
조성 기술

1991년 처음 여미지식물원에 입사했을 때가 생각난다. 스물일곱 살의 나에게 주어진 첫 임무는 화단에 팬지를 심는 일과 정기적으로 시행하는 온실 속 연못 청소였다. 특히 연못 청소는 커다란 연못 내부를 직접 닦아내야 하는 고된 노동이었다. 천연기념물로 지정된 천제연폭포와 인접한 탓에 세제나 약품을 이용한 관리가 불가했기 때문에 수작업으로 일일이 더러워진 연못 바닥을 닦아내야 했다. 그러던 어느 날 참 쉽고도 어려운 질문 하나가 떠올랐다. 자연의 습지는 나와 같은 청소부가 없이도 맑은 수질을 유지하는데 왜 매주 힘들게 연못 바닥을 닦고 있을까 하는 것이다.

청소를 피하기 위한 궁여지책으로 연못정원을 공부하기 시작했다. 대학시절 우포늪을 비롯한 다양한 습지생태계를 조사한 경험이 있지만 그것이 인공적으로 조성된 연못에서 어떻게 적용되고 활용되는지에 대한 확장된 사고가 없었기 때문에 외국 책자를 구입해 읽고 또 읽었다. 그리고 4년이 지난 어느 날 작은 연못을 하나 계획했다. 크기는 1m× 1m×0.5m(깊이). 자료에 의하면 연못이 스스로 생태적 질서를 유지할 수 있는 최소 규모였다. 배식 계획을 수립하고 하나하나 직접 식물을 심었다. 그리고 식재 1년 후 물속 화학적 산소요구량COD, 생물학적 산소요구량BOD, 용존산소량, 유기물함량 등 거의 모든 수질 검사에서 2급수 판정을 받았다.

자신감을 갖게 된 나는 다양한 연못정원의 사례와 자료들을 통해 공부를 계속해 나갔다. 그리고 운이 좋게도 여러 곳에서 대규모 습지원과 생태연못 등을 직접 계획하고 시공하는 경험을 갖게 되었다. 그 중 평강식물원의 고산습지와 습지원, 제주 비오토피아의 생태계류 및 연못공사, 국립백두대간수목원의 고산습지 등은 매우 값진 경험이 되었다.

평강식물원 습지원

평강식물원은 조성 초기부터 습지원을 염두에 두고 있었다. 식물원 부지는 땅을 파기만 하면 물이 고인다고 해서 우물목이라 불리던 곳으로 습지원을 구상하는 일은 너무나 당연한 수순이었다. 하지만 실제로 습지원을 조성하는 일은 간단치 않았다. 이론과 현실은 늘 삐걱거렸다. 당연히 연습이 필요했고 그래서 생각한 것이 습지 묘포장이었다. 계획한 습지원의 환경과 유사하게 묘포장을 만들고 거기서 습지식물을 재배하면서 그 생태를 관찰했다. 이 실험은 3년 동안 지속되었고 습지원을 만드는 데 많은 도움이 되었다.

당시까지만 해도 대규모 습지원을 조성해 본 경험이 없던 나는 주변 사례들을 조사하기 시작했다. 하지만 아쉽게도 국내에서는 유사한 사례를 찾아보기가 어려웠고 젊은 날 견학한 경험이 있던 일본의 하코네습생화원을 떠올리게 됐다. 하코네습생화원은 1976년 개원한 전문 습지식물원으로 폐논이었던 지역을 활용해 다양한 자연의 습지생태를 거의 완벽하게 재현한 곳이다.

평강식물원의 습지원 부지는 하코네습생화원과 동일하게 논농사를 짓다가 폐농한 상태로 장기간 방치되었던 곳이다. 때문에 지하수위가 높아 심한 가뭄만 아니면 물이 거의 마르지 않았다. 현장 여건을 그대로 활용해 별도의 인공적인 방수 재료를 사용하지 않았고 큰 연못을 조성할 때에 한해 흙을 파내고 장비로 점질토 다짐 작업을 했다. 또 연못과 연못 사이의 수로는 크고 작은 정원석과 자갈을 놓아 침식을 방지했다. 습지원은 고층습원, 소택지, 습지림, 습초지 등의 소주제원으로 구성되었고 조성 초기에는 지형 작업을, 그 후 약 3년에 걸쳐서는 식재가 이루어졌다.

평강식물원 습지원의 봄

습지원의 가을

습지원의 겨울

습지림에는 오리나무, 솔비나무, 메타세쿼이아를 심고 물에는 수련과 다양한 수변식물을 심었다. 습지 주변에는 축축한 땅을 조성해 앵초, 노루오줌, 부채붓꽃과 같은 호습식물을 심었다. 연못과 습초지 주변으로는 억새, 수크령, 띠를 중심으로 한 건초지가 이어지고 그 사이로는 산벚나무, 신나무, 칠엽수, 마가목, 산사나무 등이 배치되었다. 다양한 식생은 다양한 계절을 이루고 다양한 색깔과 형태로 시간을 채워나갔다.

1) 습지원의 지형

습지원을 조성하면서 가장 고민했던 부분은 지형이다. 의도적으로 어떤 목적을 가지고 새로 만들기보다 오래전부터 이곳에 있던 자연의 습지인 것처럼 조성하고 싶었다. 현장을 돌면서 주변을 살피고 만약 자연 상태에서 습지가 있었다면 어떤 형태로 존재했을까를 매순간 고심했다.

수로 부분을 제외하고는 정원석을 거의 사용하지 않았다. 소택지와 같은 자연습지를 보면 대부분 퇴적된 곳이라 정원석이 거의 없다. 돌은 경사가 지는 계류나 일부 수로 부분에 제한적으로만 사용했다. 습지원을 조성할 때 연못 가장자리를 따라 일률적으로 정원석을 배치하는 경우가 있는데 이것은 자연의 생태와도 맞지 않고 경관을 무겁고 경직되게 할 뿐 아니라 수생식물의 식재 환경을 방해하는 요소가 되므로 반드시 주의해야 한다.

2) 습지원의 토양

모든 정원에서 그렇듯 습지원 역시 토양을 만드는 일은 매우 중요하다. 기존의 잡초가 무성한 토양은 걷어내고 습지식물을 위한 가볍고 보습력이 뛰어난 용토로 대체했다. 특히 축축한 땅을 만들고 앵초속*Primula* 등의 호습식물을 식재하기 위해서는 더욱이 토양에 신경을 써야 한다.

평강식물원 습지원의 면적은 10,000m²(약 3,000평)에 달한다. 이렇게 큰 면적에 토양을 개량하려면 단순하게 계산해도 깊이를 10cm로 할 경우 약 1,000m³의 토양이 필요하다. 엄청난 경비가 요구되고 준비시간도 만만치 않다. 겨울 내내 부숙된 낙엽으로 부엽토를 만들던 일들이 새록새록 떠오른다. 그러나 토양에 대한 투자가 결국 습지원의 가치를 만들어낸다. 평강의 습지원은 현재 수백 종이 넘는 습지식물이 전시되어 있고 계절마다 더할 나위 없이 아름다운 자태로 주변 경관과 어우러진다.

조성 초기의 고층습원

10년 후 고층습원

3) 고산습원

평강식물원에서는 고산의 습원에 자라는 다양한 식물자원을 수집·전시하기 위해 약 3,000m² 정도 규모의 고산습원을 조성했다. 그 중 부지 위쪽으로는 이탄층으로 이루어진 고층습원을 약 1,000m² 정도 계획하고 그 아래로는 계류를 조성해 다양한 고산의 습지식물을 전시하는 공간으로 활용했다.

평강식물원은 경기 북부의 산정호수 근처에 위치하고 있어 남한에서는 가장 한랭한 기후를 보이는 곳이다. 식물원은 표고 300~350m에 위치하고 있으며 사방에 표고 400m 내외의 작은 산으로 둘러싸여 분화구 형상을 하고 있다. 특히 고산습원 부지는 북사면이어서 수온이 크게 올라가지 않고 늘 서늘하다. 산 중턱에서는 침출수가 조금씩 흘러나와 연중 마르는 일이 없다.

고층습원 부지는 경사지로 기존에 계단식 논으로 이용되었던 곳이다. 사면을 정리하고 하부로 연못을 조성해 마치 깊은 산에서 물이 흘러내려 고층습원 내부로 스머드는 모습을 연출했다. 연못의 깊이는 최고수심을 1.5m로 하고 주변부로는 얕게 터파기 해식재 공간을 넓게 확보했다. 방수는 부지 내에 퇴적되어 있던 회색 진흙을 이용했고 약 50cm 정도의 방수층을 조성했다. 방수층 위로는 자갈층을 만들었는데 자연의 고층습원에는 원래 자갈층이 없지만 구조적으로 방수층 위의 토양층을 안정화시키고 작업을 용이하게 하기 위한 것이었다. 자갈층 위로는 50~100cm 정도의 토탄층을 조성했는데 토탄은 경기도 일원의 나무 토탄을 구해 사용했다. 참고로 자연의 고층습원에는 갈대 토탄과 사초 토탄으로 이루어져 있으나 구입이 용이하지 않아 나무 토탄으로 대용했다. 토탄층 위로는 이탄층을 50cm 내외로 성토하였으며 용토는 캐나다 산 피트모스와 마른 수태, 마사를 혼합해 복토했다.

고층습원 주위에는 호랑버들, 오리나무, 물박달나무, 꼬리조팝나무 등의 목본식물과 황새풀, 큰방울새란, 기장대풀, 산부채, 조름나물, 식충식물 등을 식재했다.

고층습원의 식물들,
흑삼릉

큰방울새란

고층습원 하부로는 습원에서 넘치는 물을 이용해 계류와 연못을 조성했다. 이곳은 꽃창포를 중심으로 앵초, 설앵초, 한라부추, 물매화, 개면마 등의 다양한 고산 수생식물들을 수집·전시하는 공간으로 이용했다. 경사도가 급한 곳이어서 계류는 가급적 물이 천천히 흐르도록 S자형으로 조성했고 고층습원과 동일한 회색 진흙을 이용해 방수했다. 계류 주변에 자생하고 있던 물박달나무 등은 최대한 그대로 유지하고 자연의 계류와 같은 분위기를 연출하기 위해 계류를 따라 정원석을 배치했다.

해오라기난초   산부채

하코네습생화원

평강식물원 습지원을 조성하기 직전 일본에 있는 하코네습생화원을 방문했다. 하코네습생화원은 습지를 주제로 하는 전문 식물원으로 평강식물원 습지원의 모델이 되어준 곳이다. 하코네습생화원장과 만난 자리에서 내가 구상하고 있던 습지원에 대해 이야기했고 원장은 습생화원 조성 당시부터의 이야기를 들려주며 관련된 자료들과 귀한 조언을 아낌없이 내어주었다.

1) 조성 원리

① 자연습지 같은 인공습지를 만나다

하코네습생화원은 지금부터 약 40여 년 전인 1976년 개원하였으며 일본 가나가와현 하코네마치에 위치한다. 천연기념물로 지정된 센코쿠하라습원의 보전과 더불어 습지 및 자연의 중요성을 널리 알리기 위한 목적으로 조성되었다. 식물원의 내부 전경은 빼어난 주변 경관과 어우러져 마치 자연을 그대로 옮겨 놓은 것 같은 모습이다. 모든 것이 사람에 의해 만들어진 인공습지라는 점이 매우 놀랍다.

하코네습생화원은 생태적 자료를 근간으로 철저한 계획 아래 조성된 곳이다. 초기 조성 계획서를 살펴보면 습지원 구성 및 각 원별 식재 계획이 매우 상세하다. 일본의 대표적인 자연습지 타입을 선정해 각 식생별로 식물사회학적 방법으로 분석하여 조성 계획의 기초로 삼았으며 식물 군락의 배치는 습지식물의 천이 과정과 토양 환경 등을 고려해 구성했다. 군락 내의 식물 종류는 우점종과 식별종 등으로 구분하여 식피율과 식재 간격 등을 하나하나 계획했다. 하코네습생화원의 아름다움은 치밀하게 계획된 생태적 조성법과 꾸준한 관리의 결과물인 것이다.

그리고 더불어 중요하게 생각한 것이 아름다운 습지를 만드는 일이었다고 한다. 일반인에게 습지의 중요성을 인식시키기 위해서는 아름다운 경관이 필요함을 인지하고 가급적 다양한 습지식물을 식재해 사계절 볼거리를 연출하도록 노력했다. 센코쿠하라습원의 복원과 함께 저지대부터 고층습원까지 다양한 습지식생을 조성한 것도 전반적인 습지에 대한 이해와 더불어 고층습원의 다양하고 아름다운 모습을 보여주기 위함이었다.

축축한 땅에 대한 배려도 인상적이다. 우리에게는 다소 생소할 수 있으나 호습식물의 대표격인 물파초가 이른 봄 대군락으로 꽃을 피우는 모습은 그야말로 장관이다. 그 이외에도 고산앵초류, 고산붓꽃류, 수련, 개연꽃 군락 등이 시기별로 연이어 꽃을 피며 습지원을 장식한다.

그러나 처음부터 지금의 자연스럽고 아름다운 습지 경관이 조성되었던 것은 아니다. 조성 초기의 사진을 보면 연못과 축축한 땅 그리고 듬성듬성 심어진 어린 묘목과 산책로가 전부다. 많은 사람들이 정원을 만들 때 조성 초기부터 계획했던 그림이 완성되어 있기를 기대하지만 정원은 생명을 다루는 곳으로 기다림과 지속적인 관리를 전제로 해야 함을 잊지 말아야 한다. 더욱이 조성 당시 작은 유묘를 사용하는 것은 안정된 생육에 필수적이며 식물의 원활한 수급과 경비 절감을 위해서도 큰 도움이 된다.

② 공간의 효율적인 짜임새가 뛰어나다

처음 하코네습생화원을 찾아갔을 때 생각보다 작은 규모에 조금 놀랐다. 사전에 사진 등을 통해서 접했던 습생화원의 모습은 다양한 습지와 주변 경관이 어우러진 대광경으로 당연히 규모가 상당할 것으로 예상했기 때문이다. 습생화원은 주차장과 관리시설 등을 모두 합해 약 30,000m²(약 8,000평) 정도다. 물론 습지라는 단일 주제로 조성된 식물원임을 감안한다면 적지 않은 규모이나 일반 식물원에 비해서는 꽤 작은 면적이다. 그러나 습지는 주변 지형과 어우러져 조화롭게 배치되어 있고 주변 경관이 부지 내로 유입되어 하나의 큰 그림을 그려내고 있었다. 짜임새 있는 공간 구성은 내용을 풍성하게 해 더욱 규모감을 증폭시켜주는 듯 했다.

하코네습생화원의 조성 계획서에는 전체 평면 계획과 더불어 각 습지별 공간 단면이 상세하게 제시되어 있다. 습지를 만들기 위해 땅을 파내면서 나오는 흙을 이용해 주변으로 성토를 하고 이곳에 나무를 심어 수림대를 조성했는데 이렇게 조성된 수림대는 원과 원을 구분하고 각 원의 배경이 되어 깊이감을 더해준다. 또 적절한 차폐를 통해 다음에 나타나는 새로운 원에 대한 호기심을 주고 숲을 형성해 습지에서 꽃을 보기 어려운 가을철 열매와 단풍으로 볼거리를 제공하는 역할을 수행하기도 한다.

원 내의 구성은 건생림→건생초원→저층습원→중간습원→고층습원→센코쿠하라습원→습생림의 순서로 진행된다. 이는 저해발지의 습원에서 고해발지로, 주변의 산림에서 습원 내부로 진행되는 순서이며 자연의 습지와 그 주변 식생에 대한 이해를 돕기 위함이다. 그리고 센코쿠하라습원구를 마지막에 배치해 전체 습지생태 중에서 센코쿠하라습원이 어떤 위치에 존재하는지를 자연스럽게 설명해준다.

③ 생태적 관리와 식생천이를 지속적으로 연구한다

마지막에 위치한 센코쿠하라습원 식생복원구는 그 중에서도 가장 인상적인 곳이었다. 센코쿠하라는 과거 사람이 정착해 살기 시작하면서 농업이나 축산업을 위해 습지 주변으로 불을 놓거나 예초를 하며 습지를 이용해 왔다고 한다. 그러나 센코쿠하라습원이 천연기념물로 지정되고 나서 불을 놓던 것도 중단되었고 이는 습원의 육화를 초래해 급속하게 산림화가 진행되기 시작했다.

센코쿠하라습원의 보전과 습원식생 유지 방안을 모색하기 위해 10여 년 동안 연구 및 실험이 진행되었다. 그 결과 과거부터 매년 실행되었던 예초와 불을 놓아 수목의 반입을 막았던 관리 방법이 센코쿠하라습원의 최대 존속 원인이었음이 학술적으로 입증되었다. 그 후 실험을 중지하고, 실험 부지를 '센코쿠하라습원 식생복원구'로 지정해 매년 정기적으로 예초와 불놓기를 병행하며 관리하고 있다.

습생화원 내부 또한 제초, 예초, 전정, 시비, 병충해 등 습지식물을 관리하기 위한 매뉴얼을 조성해 시기별로 철저하게 관리하고 있다. 조성 당시부터 토양과 수위 조절에 심혈을 기울였고 종간 경쟁을 배려하는 것을 전제로 식재를 하나 부분적으로 번성하는 식물은 주기적으로 제거하고 꽃앵초, 물파초 등 관상 가치가 높지만 단명하거나 경쟁에 다소 밀리는 종들은 지속적으로 보식하기도 한다.

④ 사람의 마음을 치유하는 소통의 공간으로 자리 잡고 있다

하코네습생화원에는 다양한 연령층의 사람들이 찾아온다. 어린 아이들부터 백발이 성성한 노인들까지 많은 사람들이 그곳에서 즐거워하는 모습을 보았다. 정원과 식물원이 사람의 마음을 어떻게 치유하고 있는지를 직접 보고 느낄 수 있었다. 철저한 계획 아래 자연을 기반으로 사람의 힘이 더해져 시간과 함께 조율되면서 멋진 경관을 연출해낸 하코네습생화원은 가장 기본적이고 위대한 진리인 자연의 소중함을 다시 일깨워주고 있었다.

2002년 나는 서귀포시에서 주최하는 '하논 분화구 복원 및 보전을 위한 국제 심포지엄'에서 하코네습생화원장과 재회하게 된다. 다음은 당시 하코네습생화원장의 발표 내용 중에서 일부를 발췌한 것이다.

2) 주요 원칙

① 습지원 내에는 외래종을 도입하지 않는다

센코쿠하라습원의 보전을 위해 습지원 내부에는 외래종을 도입하지 않았다. 그러나 개화 기간 등을 고려해 식물원 초입부와 같은 제한적인 공간에서는 외국의 대표적인 습지식물

일본 하코네습생화원을 모델로 한 평강식물원 습지원의 가을 전경

및 고산식물 등을 수집해 부분적으로 식재했다.

② 토사를 다른 지역에서 반입하지 않는다
반입된 토양에 잡초를 비롯한 다른 식물의 종자가 묻어 있을 수 있고, 기존 토양과의 물리화학적인 성질의 차이로 인한 습지 토양의 성질 변질을 우려해 다른 지역의 토사를 반

평강식물원 습지원의 초여름 전경

입하지 않았다.

③ 건설기기를 최소한으로 제한한다

건설기기의 무게로 인해 토양이 압력을 받아 눌렸을 경우 눌린 부분에 불투수층이 생겨 원래 식생과는 완전히 다른 식생으로 변해버릴 우려가 있다. 따라서 식생 파괴를 줄이기 위해 인력으로 흙을 파내고, 파낸 흙의 운반은 손수레 등을 이용했다.

④ 부영양화를 억제한다

습원은 산성, 빈영양의 토양에서 성립되기 때문에 부영양화의 원인이 되는 콘크리트의 사용을 최대한 억제했다. 습원의 물과 토양은 PH가 낮은 산성의 빈영양 상태가 되도록 유지했다.

⑤ 연못이나 수로를 만들 때에는 수직으로 땅을 파지 않는다

자연의 하천이나 소택지에서처럼 수로나 연못의 가장자리를 수직으로 파지 않고 경사를 두어 바닥과 연결시켜 자연스러운 경관을 창출하고 수심에 따른 다양한 습지 환경 조성을 가능하게 했다.

⑥ 도입 수목은 유목으로 심는다

초기 도입 수목은 대부분 유목을 이용했다. 유목은 구입이 용이하고 습원의 불안정한 토양과 가을과 겨울에 부는 건조한 강풍, 겨울의 온도 저하 등의 기후 적응력이 뛰어난 장점이 있다. 수목은 대략 흉고 직경 10cm 이하의 것만 식재했다.

⑦ 수문

습지식물은 미세한 수위 변화에도 식생이 크게 달라지는 특성을 지닌다. 따라서 매일 수위를 관찰하고 계절마다 식생 타입마다 수위 조절에 주의를 기울여야 한다.

⑧ 산책로

산책로는 목도와 자갈길을 이용했다. 목도의 경우 습지식물에 미치는 영향이 적고, 경관적으로도 자연스러워 대부분의 산책로는 목도를 사용했다. 목도의 폭은 당초 1.6m로 어른 두 명이 나란히 걸을 수 있는 폭을 기준으로 설정하였으나 입장객의 증가로 현재는 1.8m이다. 자갈길은 지반을 다진 후 암석을 쪼개어 만든 도로용 석재를 깔고, 5mm 전후의 자갈과 석분을 혼합해 포설했다. 흙을 이용했을 때와 달리 비가 내려도 적당히 침투되어 질척해지지 않는 이점이 있다.

03.
습지원
조성 방법

습지원은 일반적인 연못과 달리 사람을 위한 조경적 차원의 접근 뿐 아니라 다양한 동식물이 함께 살아갈 수 있는 생물의 서식장, 즉 하나의 비오톱Biotope 조성을 목적으로 한다. 특히 식물원과 같이 대규모의 습지원을 조성할 경우에는 아름다운 경관 조성과 더불어 수서동물을 위한 생태성이 고려되어야 한다. 또 이용객의 편의를 위한 관찰로, 광장, 데크deck 등의 기능적 공간 조성도 충분히 검토해야 한다.

　　습지원 조성 과정은 터파기 및 방수 작업 → 되메우기 및 정원석 놓기 → 용토 포설 및 식물 식재 등의 순으로 진행된다. 조성 전에는 부지 내외에 현존하는 식생 및 토양 그리고 미기후 등을 조사해 계획의 기초 자료로 활용한다.

조성사례, 평강식물원 습지원

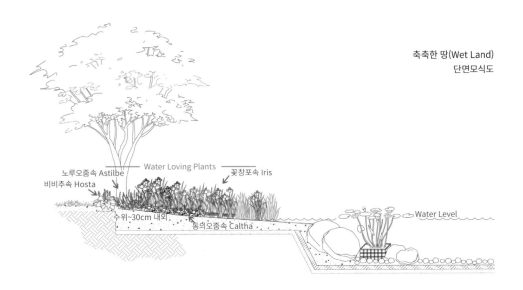

축축한 땅(Wet Land)
단면모식도

노루오줌속 Astilbe   Water Loving Plants   꽃창포속 Iris
비비추속 Hosta

수위~30cm 내외   동의오줌속 Caltha   Water Level

유의사항

비오톱의 개념이 도입되면서 국내에도 크고 작은 연못들이 조성되었다. 최근에는 자생하는 수생식물과 더불어 다양한 외국의 품종들이 활발하게 유통되어 습지원 조성에 활력을 불어넣고 있다. 그러나 '축축한 땅'의 부재는 여전히 아쉬운 부분이다.

자연의 습지는 지속적인 퇴적으로 수심이 변화해간다. 수심의 변화에 따라 습지로 유입되는 식생 또한 다양해진다. 축축한 땅Wet Land은 습지의 수위보다 살짝 높은 곳에 형성된 토양층으로 습원 단계에서 대규모로 발달한다. 이곳에는 대표적인 습지식물인 호습식물Water Loving Plants 군락이 광범위하게 형성되며 수변식물 군락과 더불어 다양한 수서동물의 서식처로 이용된다.

그러나 현실의 습지원은 대부분 물이 있는 연못 속과 물이 없는 연못 밖이 명확하게 구분되어 있다. 거의 모든 상세도는 일률적으로 터파기를 하고 방수 후 똑같은 토심으로 용토를 되메우라고 지시한다. 개념도에서는 생태를 이야기하지만 물 속 공간은 자연의 습지와 달리 획일적인 서식 기반으로 단순화된다.

수변식물 식재 사례, 영국 힐리어 가든(Hillier Garden)

축축한 땅을 위해서는 터파기 깊이가 낮은 지역이 필요하다. 일반적으로 약 50cm 정도 깊이로 터파기를 시행하고 지면다짐과 방수 후 식재용토를 지면에서부터 자연스럽게 연계해 복토한다. 방수턱을 수심 위 30cm로 감안했을 때 식재용토와 물이 만나는 곳에서부터 수심 위로 30cm 최대 50cm 정도까지를 축축한 땅으로 볼 수 있다. 이곳의 토양은 연못의 물이 지속적으로 스며들어 토양 내부가 늘 젖어 있다. 습지원을 계획할 때는 평면상에서 조성하고자 하는 축축한 땅의 형태와 면적에 따라 터파기 깊이를 조절하고 축축한 땅이 넓어질수록 개수면이 좁아지는 것을 감안해 습지원의 규모를 계획한다.

정수식물과 호습식물 같은 수변식물의 이용 방법도 중요하다. 수변식물은 연못 가장자리를 따라 생육하며 축축한 땅과 깊은 수심 사이 공간을 장식한다. 뿌리는 물 속 땅에 묻혀있고 몸 아래쪽 일부분이 물속에 잠겨있다. 갈대, 부들, 고랭이, 사초류 등이 대표적이며 이들은 집단적으로 형태를 이루어 물과 땅 사이를 자연스럽게 연결해주는 역할을 한다.

갈대나 부들은 현재도 많이 이용되고 있는 수변식물이다. 문제는 습지원의 규모나 특징을 고려하지 않고 동일하게 식물을 배식한다는 것이다. 작은 연못의 경우 갈대와 같은 식물들은 금세 번성해 연못을 점령해버린다. 규모가 작은 연못은 가급적 천일사초, 쇠털골과 같은 식물을 이용하고 갈대, 부들과 같이 세력이 왕성한 종은 대규모 저류지나 큰 습지원의 경우로 제한하는 것이 좋다.

입지 조건

습지원을 계획할 때에는 우선 적합한 위치를 선정하는 것이 중요하다. 습지원은 주변의 자연성이 풍부해 동식물의 인입이 쉬운 곳, 양지바르고 넓은 평지, 점토질이 많고 습한 곳에 만드는 것이 좋다. 사방이 트인 곳은 새를 쉽게 불러 모을 수 있는 장점도 있다.

자연적으로 물이 나오지 않는 곳에서는 물의 급·배수 및 전기 인입 등의 조건 등을 세밀하게 점검하고 사전에 대책을 세워야 한다. 건조기에 물이 증발해 연못의 수위가 떨어지거나 수질이 악화되는 경우 급수와 펌프 등의 시설 등도 필요하다. 반대로 집중 강우 시에는 연못 물이 넘치는 것을 막기 위한 충분한 배수시설이 있어야 하며 폭포나 계류 설비 그리고 필요에 따라 야간조명 등을 위한 전기시설도 검토해야 한다.

습지원은 주변의 자연성이 풍부한 곳, 사방이 트여 양지바른 곳,
경사가 완만하거나 평지인 곳에 조성하는 것이 좋다. 평강식물원 습지원

최적의 입지
- 습지 지표식물인 꼬리조팝나무, 골풀, 갈대 등이
  자생하는 곳 또는 논이었던 곳
- 자연 계곡이나 강 주변의 배후 습지였던 곳
- 햇빛이 잘 드는 곳
- 자연적으로 땅속에서 물이 나와 마르지 않는 곳

- 점질토, 이탄 및 토탄이 있는 토양
- 경사가 비교적 완만하거나 평지인 지형
- 폭포 등 설비를 위한 전기와 물의 공급이 가능
  한 곳

터파기와 방수

1) 연못 터파기

수생식물을 이용해 자연 정화가 가능한 연못을 조성하려면 최소 1m×1m×0.5m(깊이) 이
상의 규모를 갖추어야 한다. 연못의 크기가 커질수록 생태적 안정성을 유지하기가 수월
하고 반대로 연못이 작고 수심이 낮아질수록 더운 여름철 수온이 올라가 부영양화에 따
른 수질 악화가 초래될 수 있다.

　　습지원은 수심을 다양하게 조성해야 하므로 터파기 단계에서부터 계단식으로 깊이

연못 터파기. 수심을 다양하게 조성해
단계별로 터파기를 시행한다.

를 다양하게 조성한다. 축축한 땅, 수변식물 군락 등 조성하고자 하는 습지원의 경관에 따라 공간을 구성하고 각 공간마다의 수심을 고려해 터파기 깊이를 정한다. 터파기 깊이를 정할 때는 방수 후 용토를 되메우는 두께와 수심의 관계를 세밀하게 따져 계획한다. 일반적으로 규모가 큰 습지원의 경우 최고수위는 약 1.5~2m 정도로 하고 터파기는 약 0.5~2m 정도 사이에서 단계별로 구획해 시행한다.

터파기를 할 때는 계획된 위치와 형태대로 현장에 표기해 진행한다. 터파기 지역의 기존 표토는 걷어내서 따로 모아두었다가 필요에 따라 활용할 수 있다. 작업은 장비를 이용하고 터파기→지면 고르기→지면 다짐의 순서대로 진행한다.

만약 계획 단계에서 터파기의 깊이나 수심이 정해지지 않았다면 현장에서 직접 결정할 수도 있다. 습지원의 형태를 표시하고 난 후 주변 지형 중에서 가장 낮은 지점을 기준으로 그보다 약 0.3~0.5m 정도 낮은 지점을 최고수위High Water Level로 지정하면 습지원과 주변 지형이 편안하게 연결되어 어울림이 좋다. 최고수위가 정해지면 습지원의 깊이에 따라 아래로 파내고 바닥 기준점을 표시한다. 기준점에서 레벨기를 이용해 확인하고 바닥면은 수평이 유지되도록 터파기 한다.

습지원 가장자리의 방수턱은 바닥과 50도 이상 경사면으로 만드는 것이 좋다. 방수턱의 높이는 습지원의 규모에 따라 최고수위보다 0.3~0.5m 정도 높은 것이 적당하다. 일반적으로 작은 연못에서는 0.3m 정도, 저류지나 골프장 연못과 같은 규모가 큰 습지원의 경우는 0.5m 이상 차이를 둔다.

2) 계류 터파기

대규모 습지원을 조성할 때는 크고 작은 연못과 함께 그 사이를 잇는 계류가 조성된다. 계류는 상단 연못에서 하단 연못까지 경사지게 흐르는 공간으로 생각하기 쉽지만 일률적인 경사면은 경관이 획일적이고 물이 금세 흘러내려 바닥면이 드러나며 경사진 방수면에는 정원석을 배치하는 것이 어려워 피해야 한다.

계류 터파기는 계단식으로 단을 조성한다. 단과 단 사이 부분은 보를 만들어 물이 일정 부분 고였다가 수위가 차면 넘을 수 있도록 한다. 최고수위와 방수턱의 높이 차이는 연못과 동일하게 0.3m 정도로 계획한다. 다만 상단에서 하단으로 흐르는 물이 연못 밖으로 새어나가는 것을 막기 위해 보를 기준으로 하단쪽으로 0.5~1m 정도는 상단 방수턱의 높이를 유지한다.

3) 방수

방수는 재료에 따라 진흙(점질토) 방수와 시트(에틸렌시트, 벤토나이트 등) 방수, 콘크리트 방수 등으로 구분한다. 진흙 방수는 점질토를 이용해 물이 새지 않도록 다짐하는 방법으로 계획 부지가 물이 풍부하고 양질의 점토인 곳에서 이용 가능하다. 가장 친환경적이며 비용이 적게 드는 장점이 있다. 연못 바닥을 최소 20~30cm 이상 점질토로 다짐해 만든다.

시트 방수는 가급적 숙련된 전문가에게 의뢰해 작업하는 것이 좋다. 가정에서 만드는 작은 연못의 경우는 천막 천을 깔고 두꺼운 비닐을 덮어 방수를 하기도 하지만 규모가 큰 습지원의 경우는 방수를 전문으로 하는 업체에 의뢰하는 것이 좋다. 강우량이 많을 경우 시트 아래로 물이 고이면 수압에 의해 방수시트가 밀려 올라가는 현상이 나타날 수 있으므로 이를 방지하기 위해 방수 전에 암거 작업을 시행하는 것이 좋다.

암거 작업은 방수층 아래의 물이 효과적으로 빠질 수 있도록 선단과 말단의 깊이 차를 두어 Y자형으로 파내고 말단은 연못 드레인drain관과 연결하여 외부로 배수되도록 유도한다. 암거 작업은 터파기 후 부직포를 깔고 25mm 쇄석을 약 10~20cm 정도 채운 후 바닥 면적이나 침출수의 양에 따라 유공관의 지름을 선정해 설치하고 나머지 부분 역시 25mm 쇄석으로 채워 마무리한다.

계류 터파기.
계단식으로 단을 조성하고
계류 바닥은 수평면을 유지한다.

시트 방수

암거 작업

정원석 배치

국내에서 조성되는 습지원의 경우 물가를 따라 일률적으로 정원석이 배치되어 있는 것을 자주 보게 된다. 그러나 이와 같은 시공 방법은 습지원과 그 주변을 생태적으로 격리시키고 다양한 수생식물을 식재하는 데 방해가 될 뿐만 아니라 보기에도 그다지 좋지가 않다. 물가를 따라 일률적으로 돌을 쌓게 되면 수서곤충의 이동 경로가 차단되고 인위적인 경관이 만들어진다. 특별한 경우가 아닌 이상 습지원의 경계는 흙으로 마감해 수생식물이 자랄 수 있는 공간으로 배려하는 것이 좋다. 단, 디자인에 따라 경관적으로 필요한 곳이나 식재용토 포설지 하단부로 용토쏠림을 막기 위해 돌을 놓기도 한다.

정원석은 주변 지역의 종류와 되도록 비슷한 것을 선택하고 면은 단순하지만 크기가 다양한 것이 좋다. 기이한 모양은 다른 돌과의 조화가 어려워 가급적 쓰지 않는다. 비교적 큰 S자형 계류는 물의 흐름에 따라 침식과 퇴적되는 부분이 생긴다. 정원석을 놓을 때는 이를 염두에 두고 시행하는 것이 좋다. 침식되는 부분은 큰 정원석 무리를 배치하고 퇴적되는 부분에는 강자갈이나 모래로 마감하거나 식재지를 만들어 수변식물 군락을 조성한다.

정원석 놓기. 정원석은 물살의 흐름이 빠른 계류를 중심으로 놓고 하단 연못 주변으로는 제한적으로 이용한다.

계류 폭포의 정원석 놓기

    돌의 크기는 다루기 수월한 것이 좋다. 특히 규모가 작은 연못의 경우는 두세 사람이 들 수 있는 정도 이하의 크기가 적당하다. 그러나 대규모 습지원의 경우는 부지 스케일에 맞는 규모감이 필요하므로 무리해서 큰 돌을 구하기보다는 여러 개의 정원석을 모아 하나의 덩어리 또는 집단으로 보이도록 배치하는 감각이 필요하다. 가급적 돌의 크기는 유사하지 않도록 하고 크고 작음이 뚜렷하도록 배치해 리듬감을 살리고 자연스럽게 연출한다.

    급경사의 계류나 폭포의 하단에는 큰 돌을 안정감 있게 배치하고 중간이나 상단에는 자연적으로 침식되어 비스듬하게 하단의 안정된 돌에 걸쳐진 형상으로 배치한다. 또한 비교적 긴 계류에 있어서 구간별로 물의 속도와 형태를 변화감 있게 구성하는 것이 좋다. 구간별로 계류의 물 깊이, 보의 폭은 물론 물이 타고 흐르는 정원석의 크기 등의 변화로 다양한 수경관을 연출할 수 있다.

평강식물원의 습지원,
자연의 습지 생태와 경관을 최대한 반영하여 조성했다.

여미지식물원 습지원.
작은 규모에서도 수심의 변화를 적극적으로 이용해
다양한 습지식물을 도입하고 다채로운 수경관 조성

산책로 조성

산책로는 일반 정원과 마찬가지로 다양한 소재와 방법으로 계획이 가능하다. 다만 여기에서는 물과 인접해 연못 위를 지나거나 연못 주변으로 조성되는 데크를 중심으로 설명한다.

물은 사람이 거닐 수 없는 공간이다. 그러나 물이 지니는 매력은 오래전부터 사람을 물가로 이끌었다. 데크는 사람과 물의 거리를 좁혀주고 사람은 데크를 거닐면서 수서 환경 안에 또 다른 구성 요소로 공존하는 느낌을 얻는다. 또 데크는 유연한 수면과 수생식물 군락 사이에서 단단한 질감과 형태로 공간의 디자인을 더해주기도 한다.

습지원은 일반적으로 평활한 열린 경관이다. 물이라는 제어 요인으로 인해 수목도 많지 않다. 따라서 데크의 형태는 가감 없이 그대로 노출되는 경우가 많다. 이는 다른 어떤 산책로보다도 데크가 디자인에 집중해야 하는 이유다. 그러나 국내에서 조성되는 사례들을 살펴보면 데크 자체가 과도하게 설계되어 부담스럽거나 연못 중앙을 개념 없이 관통해 전체 수경관을 저해하는 요소로 작용하는 경우도 종종 있다.

또한 데크는 수면과 평행하게 설치해야 한다. 수평면의 수면 위를 지나는 동선에서 경사도가 불필요하기도 하지만 애매한 경사도는 대단히 불안정한 느낌을 준다. 만약 데크의 시작점과 끝점의 높낮이가 다르다면 가급적 수면 위로 지나가는 데크는 수면과 평행하게 조성하고 지형이 변화되는 지면과 가까운 쪽에서 단을 두거나 계단을 설치해 처리하는 것이 좋다.

데크는 물가에 조성되기 때문에 안전상의 이유 등으로 난간이 필요하다. 난간은 가급적 습지 경관에 방해가 되지 않도록 단순한 형태로 하고 너무 두텁지 않게 조성하는 것이 좋다. 만약 데크 주변의 수심이 30cm 이하라면 난간을 낮게 조성하거나 생략하는 것도 가능하다. 물론 수심이 낮은 곳으로 데크를 설치해도 수면과 데크 면의 높이 차이가 크면 위험할 수 있다. 데크면은 최소한 연못 가장자리의 방수턱보다 위로 조성하되 지나치게 높지 않도록 하고 방수턱은 습지원의 규모에 따라 최고수위보다 30~50cm 정도 높게 조성한다. 이는 집중 강우 시 많은 양의 물이 한꺼번에 모여 들 경우 원활하게 오버플로우overflow 될 수 있는 수량을 고려한 것이다.

습지의 중요성이 부각되면서 자연에 있는 습지에도 관찰로의 목적으로 데크가 설치되는 경우가 많다. 이때 간과하기 쉬운 것이 바로 데크 하부의 환경 변화다. 습지식물은 보통 양지에 서식하는 경우가 많은데 데크 상부면이 넓게 조성될 경우 햇빛이 차단되는 면적이 넓어져 습지식물의 서식처를 훼손할 가능성이 있다. 따라서 데크 상부면은 최소 두 사람이 왕복할 수 있는 폭 1.2~2.0m 정도가 적당하며 가급적 측면을 그대로 노출시켜 데크 아래로 햇빛이 충분히 들어갈 수 있도록 조성한다. 단 이용객이 많은 곳은 중간에 참이나 전망대를 두어 이용의 편의성을 높인다.

식재

고여 있는 물은 썩기 마련이다. 특히 여름철에는 부영양화로 인해 수질이 급격히 악화된다. 폭포나 분수를 설치하면 부분적으로 물속의 용존 산소량을 높여 줄 수 있으나 이것만으로 수질을 관리하기는 어렵다. 생태적으로 균형 잡힌 습지원을 조성해 연못 스스로 수질을 관리할 수 있도록 유도해야 한다. 그리고 그 시작은 수생식물을 식재하는 것에서부터 출발한다.

수생식물이라고 하면 사람들은 흔히 연꽃이나 수련, 부레옥잠 같은 것들을 떠올린다. 그러나 습지의 환경은 우리가 아는 것 이상으로 매우 다채롭다. 물속에서도 수심에 따라 식물의 분포가 확연히 달라지고 물 밖으로 나오면 물과는 전혀 다른 건조한 지대가 연계되어 있기도 한다. 물을 중심으로 한 다양한 환경 조건을 얼마나 치밀하게 계획하고 조성하느냐에 따라 도입할 수 있는 식물종의 폭은 놀랍게 확장된다. 더불어 각 환경에 따른 수서곤충 및 조류의 서식을 유발해 습지의 생태 환경은 더욱 풍성해진다.

수생식물은 1차적으로 수심에 따라 배식한다. 터파기와 되메우기 계획을 신중하게 수립해 다양한 수심을 조성하고 물가에는 축축한 땅을 마련해 호습식물을 심을 수 있도록 준비한다. 수심이 정해지면 전체 경관 안에서 식물 군락 간의 어울림을 고려해 배식 계획을 수립한다. 우점종을 중심으로 식물 군락을 설정하여 배치하고 각 군락 내에서 식물 요소들의 관계와 비중을 설정한다.

최근에는 다양한 외국의 품종들이 도입되어 이를 적절히 활용하는 것도 좋다. 대표적인 습지식물인 꽃창포속Iris의 경우만 해도 자생하는 꽃창포Iris ensata, 부채붓꽃Iris setosa, 제비붓꽃Iris laevigata을 비롯해 노랑꽃창포Iris puseudoacorus, 시베리아붓꽃Iris sibirica, 베르시콜로르붓꽃Iris versicolor 등 수백 종의 품종이 국내 꽃시장에 유통되고 있다. 또 우리에

물파초

왕관고비

게는 다소 생소하지만 외국의 습지원이나 연못정원에서 흔히 사용되는 물파초*Lysichiton camtschatcensis*, 왕관고비*Osmunda regalis* 등의 식물은 형태가 크고 독특해 경관을 압도하는 매력이 있다.

1) 식재 방법

식재를 하기 전에 우선 용토를 객토해야 한다. 객토를 위해서는 먼저 습지원 조성 부지의 기존 표토를 걷어낸다. 기존 표토에는 다양한 잡초의 씨앗이 함께 있어 조성 후 식재 식물과 함께 잡초가 번성하게 되는 빌미가 된다. 표토를 걷어내고 난 후 잡초 성분이 없고 수생식물 재배에 적합한 용토를 만들어 포설한다.

　물속에 들어가는 식재 용토는 진흙, 사질양토, 화산회토 등 여러 가지를 이용할 수 있다. 그러나 마사나 모래 등은 유기물 함량이 부족할 수 있으므로 이 경우 완전하게 발효된 퇴비 등의 유기물을 첨가한다. 하지만 과다한 유기물이나 발효가 덜 된 토양은 부영양화를 초래할 수 있으므로 주의한다.

　축축한 땅과 같은 물 가장자리의 용토는 물속 용토와 달리 유기질 성분이 보다 많고 보습력이 뛰어난 것이 좋다. 앵초속*Primula*, 노루오줌속*Astilbe*, 꽃창포속*Iris*과 같은 물기

용토 포설

를 좋아하는 식물은 가볍고 부드러운 토양, 보습력이 있되 배수가 잘되는 토양, 적당히 부엽토가 혼합된 토양을 좋아한다. 일반적으로 피트모스 : 펄라이트(또는 마사) : 부엽을 1 : 1 : 1의 비율로 혼합해 사용하고 포설 두께는 약 10~15cm 정도로 한다.

- 수표면의 약 70%는 식물을 식재하고 나머지 30%는 수면이 그대로 노출되게 한다. 식물이 수면을 모두 덮어버리면 물속으로 들어가는 광량이 부족하고 공기 속의 산소가 물속으로 용해되는 양이 현저하게 줄어들어 수중 생태에 문제를 일으킬 수 있다. 또 수면이 주는 미적인 요소들, 예를 들어 햇빛이 수면에 비춰 반짝거리는 모습이나 주변 경관을 비추어내는 물그림자 등의 아름다운 경관을 잃게 된다. 따라서 수표면의 약 30%에 해당하는 면적은 수심이 깊은 곳으로 설정하고 수련과 같은 수생식물이 뿌리를 내리지 못하도록 방수 후 되메우기를 최소로 하는 것이 좋다. 지속적으로 식물의 번짐을 차단하는 것이 중요하다.
- 〈표1〉과 같이 연못의 규격에 따른 수생식물의 적정 식재 수량이 제시되어 있는 자료들이 있다. 이를 참고해 식물을 식재하고 원의 규격이 커지는 비율에 따라 식물 수량을 증가시킨다.
- 수심에 맞게 식물들을 배치한다. 식물을 배치할 때는 형태와 색감, 질감, 개화기, 꽃의 형태 및 색 등을 고려해 세심하게 계획한다. 곤충 및 조류 등의 접근 및 서식처 제공 등도 함께 고려한다.
- 수변식물 중 갈대, 부들, 큰고랭이, 도루박이, 층층고랭이, 노랑꽃창포 등은 세력이 왕성해 식재 후 얼마 지나지 않아 습지원을 가득 메워 버린다. 이 경우 초기 의도와 달리 오히려 식물의 다양성을 감소시키고 습지원의 미관을 해칠 우려가 있다. 방치하면 지나치게 번성해 습지원의 생태적 안정성을 깨트리고 수질 관리

표1. 연못 규격에 따른 수생식물의 식재 수량

연못 규격	침수식물	부유식물	수련
2.5m×2m	15본	6본	1본
4m×2.5m	30본	9본	2본
5m×2.75m	45본	9~12본	3본
6m×4m	60본	12~15본	4본
10m×5m	75본	20~30본	5본

에도 문제가 될 수 있다. 작은 연못인 경우는 가급적 사용하지 않는 것이 좋고 대규모 습지원에서도 제한적으로 식재하는 것이 좋다.

습지원을 찾아 온 백로

- 연꽃과 수련은 거름이 풍부한 토양을 좋아한다. 원활한 생육과 많은 꽃을 위해서는 최소 20cm 이상의 토양층이 필요하다. 그러나 물 바닥을 모두 두툼하게 토양으로 채울 경우 식물이 과하게 번성해 수면을 가득 메울 우려가 있으므로 되메우기 공간을 제한하거나 플랜트박스 등을 이용해 심는 것이 좋다.
- 햇빛이 잘 들고 지속적으로 물이 스며들어 축축한 땅은 호습식물Water Loving Plants의 서식처다. 식물의 뿌리 끝이 수위에 닿을 듯 말 듯한 정도, 대략 수위 위로 20~30cm 정도의 토양층을 축축한 땅으로 구분한다. 여기에는 앵초속Primula, 꽃창포속Iris, 노루오줌속Astilbe, 도깨비부채속Rogersia, 곰취속Ligularia 등을 배식한다.

국립백두대간수목원 고산습원 조성 당시 호습식물 군락 식재 전경

- 수목은 습지 적응력을 기준으로 낙우송→왕버드나무→능수버들, 수양버들, 물 황철나무, 오리나무, 솔비나무, 다릅나무, 메타세쿼이아, 칠엽수→신나무 순서로 이용한다. 가장 적응력이 높은 낙우송은 수위보다 약 30cm 아래까지 식재가 가능하며 반대로 신나무의 경우는 뿌리가 지하수위보다 높아야 생육이 가능하다. 관목류로는 꼬리조팝나무와 냇버들 등이 좋다.
- 수변식물 군락은 수서곤충이나 조류의 산란장이 되어준다. 다양한 수서곤충과 이를 먹이로 삼는 양서류, 어류, 조류 등의 습지생물들이 먹이사슬로 연계되어 나갈 수 있도록 수변식물 군락을 넓게 조성하는 것이 좋다.

습지원의 낙우송 군락, 제주 비오토피아

수변식물 군락, 제주 비오토피아

- 연못의 면적이 크다면 섬을 조성한다. 섬은 사람의 영역에서 격리된 공간으로 새들의 산란과 안식을 위한 보금자리가 되어주고 습지 경관을 더욱 풍성하게 해준다.
- 연못 물은 수위 변동이 크지 않도록 유지한다. 만약 연못의 위치가 주변 지형보다 현저하게 낮고 연못의 크기가 크다면 집중 강우 시 많은 양의 물이 연못으로 흘러들어 수위 변동이 커질 수 있으므로 사전에 우수시설을 조절해 적당량의 빗물만 연못으로 유입될 수 있도록 조절한다.
- 어류의 경우 외래 어류는 생태적으로 적합하지 않고 잉어와 같은 대형종은 배설물 등의 이유로 수질을 오염시킬 우려가 있다. 되도록 작은 종을 선택하고 면적에 따른 적정 수량을 확인한다.
- 물위로 노출된 정원석은 개구리가 햇빛을 받아 쉴 수 있게 하고 새들이 앉을 수 있도록 유도한다. 자갈과 모래는 다양한 공극을 창출해 호기성 미생물이 번성할 수 있게 하고 수서곤충의 은신처로 활용된다. 정원석 배치 시 반영한다.

관리

습지원 관리의 핵심은 수질 유지다. 더운 여름철 수온이 올라가면 연못에는 녹조류가 발생한다. 최악의 경우 부영양화에 따른 수질 악화로 인해 침수식물, 수서곤충, 어류 등이 피해를 입을 수 있다. 해결 방안을 찾지 못하고 결국에는 연못을 포기하고 메워버리는 경우도 발생한다.

생태적인 자료를 바탕으로 조성한 습지원의 경우도 조성 초기에는 녹조류가 발생한다. 조성 초기에 식재된 식물들은 대부분 작은 유묘인 경우가 많아 식물이 성장하고 제 기능을 발휘할 때까지는 적어도 1~2년 정도의 시간이 요구된다. 그때까지 수질 관리를 위한 인위적인 간섭이 적극적으로 필요하며 여름철 수온이 올라가 녹조류가 발생할 경우는 정기적으로 걷어내 주는 작업이 뒤따라야 한다. 또한 물속으로 자라는 침수식물을 식재해 초기 수질 관리에 도움을 받을 수 있다.

간혹 자연형 습지원 또는 생태연못이라는 이유로 인위적 간섭을 배제하고 연못을 그대로 두어도 무관하다고 여기는 경우가 있는데 이는 잘못된 생각이다. 물론 지속성의 측면을 보면 생태연못은 당연히 그 자체로 존속할 수 있어야 하나 초기 식물체가 규모감

습지의 제초 작업

있게 성장해 식물 군락이 연못 내에서 안정적으로 정착할 때까지는 관리가 필요하다. 또 예상 외로 습지에는 왕성하게 자라는 식물이 많고 잡초 발생도 심한 편이라 제초, 예초, 적심 등과 같은 일반관리도 세심하게 요구된다.

특히 갈대, 부들, 흑삼릉 등은 번성하는 속도가 빨라 규모가 작은 연못에는 가급적 심지 않는 것이 좋고 굳이 심어야 하는 경우에는 화분을 이용해 번성을 미리 차단하는 것이 좋다. 또 식물이 번성한 경우에는 제초보다는 예초 작업이 효율적이며 매년 생장이 왕성한 6~7월과 영양분이 뿌리로 내려오는 9월에 예초를 시행하는 것이 효과적이다. 조성 후 2~3년이 지나 식재된 식물이 안정적으로 정착하게 되면 잡초 발생률은 현저히 떨어지고 관리 또한 수월해진다.

1) 제초(잡초 뽑기)

축축한 땅이나 얕은 물가에는 달뿌리풀, 골풀 등의 논 잡초 혹은 습지 잡초가 발생한다. 이들은 성장 속도가 빠르고 제초를 하더라도 근경의 일부가 땅속에 남아 있는 경우 다시 쉽게 퍼지는 특징이 있다. 잡초가 발생했을 때 제거를 하는 일도 중요하지만 그 이전에 잡초 발생을 예방하기 위해 용토를 객토하는 작업이 선행되어야 한다.

다른 정원과 동일하게 습지원에서도 메꽃이나 환삼덩굴과 같은 덩굴성 식물을 비롯해 쑥, 민들레, 바랭이 등의 밭 잡초가 골칫거리가 되곤 한다. 이들은 세력이 왕성해 봄에 씨앗으로 자란다 해도 가을이 되면 그 주변을 온통 뒤덮어 결국 식재한 식물이 정착하기도 전에 피해를 입는 원인이 된다.

습지원에 식재한 식물들이 제대로 정착하기 위해서는 최소 1~2년의 시간이 필요한데 밭 잡초는 그 사이 주변에서 쉽게 유입되어 식재된 식물들에게 위협을 가한다. 때문에 조성 초기에는 정기적으로 제초 작업이 병행되어야 하고 식재 후 바크나 우드칩, 왕겨 등을 피복해 잡초 발생을 억제하는 것이 좋다.

물속에 흔히 심는 수련과 연꽃도 세력이 왕성해 단기간에 번성하므로 작은 연못에는 가급적 심지 않는 것이 좋다. 만일 과다하게 번성해 수면을 덮는 경우에는 적정 비율의 수면이 그대로 노출될 수 있도록 정기적으로 제거하는 작업이 필요하다.

2) 예초(풀베기)

적절한 방법의 예초 작업은 자연형 습지원에 있어서 매우 효과적이다. 자연스런 경관과 생태를 유지하는 데 큰 도움이 된다. 특히 습지원 주변으로 건초지가 연계되어 있거나 사초류와 다양한 야생화를 혼식한 경우 예초 작업은 필수적이다. 예초는 세력이 강한 종들이 다른 식물이 식재된 곳을 침범해 주변 지역을 장악하는 것을 막아준다.

식물 보식 작업

3) 계절별 관리

① **봄~초여름**(4, 5, 6월)
- 식물을 보식한다. 앵초속*Primula*과 같이 숙근초이지만 단명하는 종들을 보식하거나 새롭게 추가적으로 전시하고자 하는 식물을 선정해 식재한다.
- 필요한 식물에 한해 부분적으로 시비한다.
- 일반 제초 – 쇠뜨기, 환삼덩굴, 소리쟁이, 고마리 등의 봄 잡초를 제거한다.
- 특별 제초 – 식재된 곳이 아닌 곳에 번성하는 야생화를 제거한다. 특히 부처꽃이나 억새와 같은 그라스류Grass는 씨앗으로 번질 수 있으므로 잘 살펴 제거해야 한다.
- 예초 – 6월경에 세력이 왕성해지는 억새, 띠, 부처꽃, 갈대, 부들, 수련 등을 예초한다.
- 필요에 따라 해충 방제를 시행한다.

② **여름**(7, 8월)
- 제초 – 갈대, 삿갓사초, 새콩, 바랭이 등 여름 잡초를 제거한다.
- 관목류의 도장지 등을 전정한다.
- 필요에 따라 관수 및 병해충 방제를 시행한다.

③ **가을**(9, 10, 11월)
- 제초 – 미꾸리낚시, 겨풀, 돌콩 등 가을 잡초를 제거한다.
- 보온용 또는 부엽토 제작을 위해 낙엽을 수집한다.

④ **겨울~초봄**(12, 1, 2, 3월)
- 내한성이 약한 식물을 중심으로 12월 초에 월동 작업을 한다.
- 데크, 해설판, 식물명찰 등의 시설물을 수리한다.
- 나무 간벌, 가지치기 및 목재 파쇄 작업을 시행한다.
- 3월이 되면 월동한 그라스의 묵은 잎과 낙엽을 제거한다.
- 보강 식물을 식재하고 연못 내의 고사한 식물 및 과하게 번성한 식물을 제거한다.

4) 수질 관리 및 모니터링

정기적으로 PH를 검사한다. 물의 PH는 6~8 사이의 중성을 유지하고 암모니아와 아질산염의 농도가 높아지면 안 된다. 연못 수표면의 약 2/3를 식물로 식재하고 부엽식물, 정수식물, 침수식물, 부유식물 등을 골고루 식재해 연못의 생태적 균형을 이룰 수 있도록 한다.

- 식물이 지나치게 번성하거나 증식되지 않도록 관리한다.
- 생태적 균형을 이룬 연못도 이른 봄에는 일시적으로 부영양화가 일어날 수 있으나 곧 스스로 회복한다.

겨울 동안 마른 잎을 제거하는 모습

표2. 수질 악화의 증상과 원인

구분	증상	원인
균형적이지 못한 PH	·병이 있는 물고기 ·식물 성장의 저하 ·생물학적 정화 능력 감소	·수돗물, 시멘트나 석회석에서 녹은 석회질의 증가(높은 알칼리성) ·빗물, 부패한 식물이나 물고기의 배설물로 인한 질산성 질소의 증가 (높은 산성)
부족한 산소량	·물고기가 호흡을 위해 수표면으로 올라옴 ·특별한 병 증상 없이 물고기가 죽음 ·물이 검어지거나 냄새가 남	·너무 많은 부유식물이나 물고기 ·부패한 유기물 쓰레기 ·오랫동안 지속된 무더운 기후 ·과도한 조류의 성장
오염	·죽은 물고기 ·물이 더욱 검게 변함 ·식물의 황화현상 ·많은 거품	·메탄가스의 증가 ·양분과 암모니아의 증가 ·질소질 비료를 사용한 농장으로부터의 유입수 ·과다한 물고기 먹이 사용

- 갈대, 부들 등의 세력이 왕성한 식물들이 지나치게 자라는 것을 방지하기 위해 규모가 작은 연못에서는 화분 등을 이용해 식재하고 부유식물은 과잉 증식하면 적당히 제거한다.
- 부유식물과 수련 등의 심연식물이 수표면의 70%를 넘지 않도록 유지하고 수중 산소발생량을 높여주는 침수식물을 적극적으로 이용한다.
- 계류, 폭포 등을 연계해서 조성하면 경관의 다양성과 더불어 수질 관리에도 도움이 된다.
- 가을철에는 휴면에 들어간 수생식물 잎을 정리하고 낙엽이 떨어져 물에서 썩지 않도록 관리한다.
- 장기간 수 표면이 얼면 가스가 교환될 수 있도록 얼음에 구멍을 뚫어준다.
- 정체된 환경에서는 균류와 같은 해로운 유기물이 증가된다. 식물과 대기 및 수중 산소 사이에 자유롭지만 균형적인 이동은 생태계를 유지하는 데 매우 중요하다. 온난한 기후의 지역에서 상록성 식물은 늘 수면을 덮기 때문에 특히 이른 봄 다른 초본류의 생장을 방해해 연못 균형을 저해할 수 있으므로 특별한 관심을 가지고 관리해야 한다.

그늘정원
Shade Garden

빛이 차단된 부분을 그늘이라고 한다. 그늘은 무더운 여름철 뜨거운 햇볕을 막아 사람들에게 편안히 쉴 수 있는 안식처를 마련해준다. 그러나 한편으로는 다소 어둡고 부정적인 이미지도 가지고 있다. 얼굴에 그늘이 드리웠다고 말할 때처럼 경우에 따라서는 음습하고 사람의 발길이 드문 공간으로 느껴진다.

정원에서도 그늘은 다소 매력 없는 공간으로 여겨질 때가 많다. 사람들은 그늘에서는 색감이 좋은 화려한 꽃을 심기가 어렵다거나 식재된 식물이 웃자라 형태가 망가진다고 이야기한다. 하지만 이것은 그늘정원에 대한 경험과 이해가 부족한 탓인지도 모른다.

자연의 숲을 떠올려보자. 숲은 대표적인 그늘이다. 하늘을 올려다보면 크기가 다른 잎들이 겹겹이 하늘을 가리고 있다. 뜨거웠던 햇볕은 잎과 잎 사이를 지나면서 순해지고 바람은 부드럽게 불어 숲을 거니는 사람들을 어우른다. 숲은 적당한 그늘을 만들어 아늑하고 평온한 분위기를 자아낸다.

숲 바닥은 어떠한가. 바스락거리는 낙엽들 사이로 얼굴을 내민 숲의 식물들이 무수하다. 보드라운 질감의 잎을 펼치고 크고 작은 꽃들이 저마다 제각각의 매력을 뽐내며 숲을 장식한다. 화려하지는 않지만 은은하고 맑은 색감은 탄성을 자아내게 한다.

도시 정원에서도 얼마든지 자연의 숲과 같은 그늘정원을 만들 수 있다. 잘 만들어진 그늘정원은 도시 공간 속에서 음습하게 여겨졌던 구석진 공간에 생명력을 불어 넣어 줄 것이다. 또 바쁜 일상 가운데 새소리, 바람소리에 귀 기울이는 삶의 여유를 갖게 될 것이다. 단 이를 위해서는 숲에 대한 이해가 바탕이 되어야 하고 그늘에 대한 새로운 시각과 접근이 요구된다.

낙엽수림의 그늘.
이른 봄 새순이 돋아나는 나무의 가지 사이로
햇살이 스며들고 있다.
숲은 그늘을 대표하는 공간으로
그늘정원의 환경 기반이 되는 생태 공간이다.

01.
그늘에 대한
새로운 시각과
접근

그늘은 단순히 빛이 없는 공간이 아니다. 그늘과 빛은 동전의 앞뒷면 같아 서로 짝을 이루며 나타난다. 그늘의 정도와 깊이에 따라 빛도 달라진다. 다양한 그늘은 결국 다양한 빛을 뜻하는 것이기도 하다.

식물은 햇빛이 있어야 살 수 있다. 식물은 태양광선을 이용해 광합성을 하고 여기서 얻어지는 에너지를 가지고 살아가는 독립영양체다. 지구상의 수많은 식물들은 각각의 환경에 따른 다양한 광光 조건, 혹은 다양한 그늘에 적응하며 진화해왔다.

큰 나무가 자라지 못하는 초원이나 사막 그리고 고산지대와 같은 곳은 대표적인 양지다. 이곳의 식물들은 과다한 일조나 건조 등에 탁월한 생존 능력을 보여준다. 그러나 양지식물이 그늘로 들어가면 상황은 달라진다. 그늘에서 양지식물은 매우 나약한 존재에 지나지 않는다. 우선 햇볕이 모자라 종자 발아 자체가 어렵고 어쩌다 발아가 되어 싹이 나온다고 해도 웃자라다가 쉽게 죽어버린다.

반대로 숲에서 자라는 음지식물은 양지에서의 적응이 어렵다. 한 번도 경험해 보지 못한 강한 햇볕은 음지식물의 부드러운 잎을 마르게 하고 심한 경우 잎 끝이 검게 타다가 결국 고사하게 만든다. 빛은 식물에게 꼭 필요한 요소이지만 각각의 식물이 요구하는 빛의 정도는 모두 제각각이다.

정원에서 그늘의 문제점

정원에는 생각보다 많은 그늘이 존재한다. 건축물과 인접한 동·서면은 오전과 오후로 나누어 그늘이 지고 북면은 거의 하루 종일 직사광선이 들어오지 않는다. 나무들은 점점 커나가고 그에 따라 그늘은 계속 확장된다. 한두 그루의 낙엽수가 식재된 후 10년이 지나면 반경 10~20m에 달하는 그늘이 만들어지기도 한다.

   상록수의 그늘은 낙엽수보다 훨씬 어둡다. 상록수는 겨울에도 잎이 지지 않기 때문에 일 년 내내 짙은 그늘을 만든다. 특히 가지가 조밀한 수관 내부는 한 여름에도 햇빛

영국 세빌 가든(Savill Garden)의 그늘정원

이 투과되는 양이 매우 적다. 그 중에서도 속성수에 해당하는 잣나무, 후박나무, 구실잣밤나무 등은 몇 년 이내에 왕성하게 성장해 지나치게 크고 짙은 그늘을 만들어 버린다.

우리가 정원에서 가장 흔하게 사용하는 지피식물은 잔디다. 잔디*Zoysia japonica*는 흔히 들잔디 혹은 한국잔디라고 부르는데 양지에서는 훌륭한 소재이지만 내음성이 약해 그늘에 심으면 몇 년이 지나지 않아 도태되어 버린다. 유럽 정원에서 쓰는 한지형 잔디는 들잔디에 비해 내음성은 강하지만 우리나라의 고온다습한 여름철 기후에 취약해 관리가 어렵다.

2000년대 이후로 그늘에 강한 지피식물들이 재배·보급되기 시작했지만 단순히 그늘에서 사는 식물을 심는 것만으로 그늘정원이 완성되는 것은 아니다. 그늘정원을 만들기 위해서는 먼저 그늘의 종류를 정확히 알고 자연 숲의 그늘, 그 이면에 있는 환경 기반에 대한 이해가 필요하다. 그리고 적극적으로 숲의 생태와 경치를 도입해 단순한 수목 하부 식재가 아닌 하나의 독립된 주제 정원으로 발전시킬 필요가 있다.

그늘의 종류

1) 음지 Full Shade

음지는 직사광선이 하루에 3시간 이하로 들어오는 곳을 말한다. 음지 중에서도 아침 해가 들어오는 곳은 식물을 심어 그늘정원을 만들기에 매우 좋다. 주택 내부에 위치한 중정도 음지에 해당한다.

직사광선은 없지만 햇빛이 잎들 사이로 투과되는 낙엽수의 하층부 Dappled Shade도 여기에 속한다. 단, 수목의 종류에 따라 수관이 밀폐되는 정도가 다르고 전정 방법에 따라 햇빛의 세기나 양이 달라질 수 있다.

음지에는 생각보다 다양한 식물이 자라는데 자연의 낙엽활엽수림에서 보게 되는 복주머니란, 변산바람꽃, 얼레지, 노루귀 같은 식물들이 모두 음지식물에 해당한다. 음지식물은 대부분 이른 봄에 나와 꽃을 피우고 여름철이 되면 생육이 끝난다. 자연의 숲에서 숲의 상층부에 있는 나무들이 잎을 만들어 하늘을 가리기 전에 일찍 올라와 충분한 햇빛을 받기 위한 나름의 생존 전략이다. 때문에 정원에서 음지식물을 키울 때에도 건축물 등의 시설에 의한 그늘이 아닌 낙엽수 하층부의 그늘을 이용해 겨울부터 이른 봄까지

변산바람꽃(*Eranthis byunsanensis*)

빛이 충분히 들어올 수 있도록 유도하는 것이 좋다. 또 휴면기 이후의 볼거리를 고려해 잎이 오래가고 관상 가치가 높은 양치식물이나 비비추속*Hosta* 등을 함께 식재하면 좋다.

　　토양 조건도 중요하다. 낙엽활엽수림은 최소 수십 년에서부터 수백 년에 이르는 오랜 기간 동안 낙엽이 쌓이고 유기물이 축적된 풍성한 부엽토층을 기반으로 한다. 똑같은 그늘 조건에서도 숲의 토양 조건이 반영되지 않으면 음지 식물을 재배하기가 어려워진다. 그늘과 더불어 토양 조건을 맞춰주는 것은 음지식물을 이용한 그늘정원의 첫 번째 조건이다.

음지의 식물
- 교목: 단풍나무, 서어나무, 참나무류, 사람주나무, 굴거리 등
- 관목: 함박꽃나무, 노린재나무, 새비나무, 참꽃나무, 생강나무, 산수국, 백량금, 산호수 등
- 초본류: 복주머니란, 얼레지, 연영초, 금강애기나리, 두루미꽃, 바람꽃류, 개병풍, 은방울꽃, 족도리풀, 노루귀 등

극음지에 해당하는 난대림 내부

2) 극음지Deep Shade

낙엽이 지지 않는 상록수 하부와 같이 일 년 내내 짙은 그늘을 만드는 곳을 극음지라고 한다. 이곳은 직사광선이 거의 없고 주변에서 반사되는 빛도 넉넉하지 못해 일반적인 식물은 생육이 어렵다. 특히 시설물이 조밀한 북서측 공간이나 데크Deck 하부와 같은 곳은 짙은 그늘과 함께 건조한 토양 조건으로 인해 적응 가능한 식물이 극히 제한적이다. 그나마 송악속Hedera 종류가 무난한 편이나 경우에 따라서는 식재를 포기하고 자갈이나 다른 마감 소재로 대체하기도 한다.

　　소나무와 같은 상록수를 많이 심은 정원에서는 지피식물에 대한 걱정이 많아진다. 심을 수 있는 식물이 제한적이고 특히 화사한 꽃을 피우는 식물은 찾아보기가 어렵다. 그나마 송악속Hedera, 맥문동속Liliope, 양치식물 등이 무난하며 양지쪽과 연계되는 그늘의 가장자리 쪽에 한해 비비추속Hosta, 산수국속Hydrangea 등을 도입할 수 있다. 단 전체적으로 색감이 짙고 어둡기 때문에 가급적 밝은 무늬가 있는 품종을 이용하면 좋다.

3) 반음지Partial Shade, Half Shade

하루 약 4~5시간 동안 양지가 되었다가 나머지 시간은 그늘이 되는 곳을 반음지라고 한다. 반음지는 식물의 식재 범위가 가장 넓은 곳으로 양지식물을 제외한 거의 모든 종류의 식물을 식재할 수 있다. 특히 만병초속*Rododendron*과 산수국속*Hydrangea* 등 꽃이 좋은 관목류를 식재하기에 적합하며 물가에 자라는 앵초속*Primula*, 노루오줌속*Astilbe*, 터리풀속*Filipendula*, 비비추속*Hosta* 등의 호습식물*Water Loving Plants*도 반음지에서 양호한 상태로 생육이 가능하다.

　반음지와 유사한 조건으로 하이 셰이드*High Shade*라는 것이 있다. 하이 셰이드는 교목의 아래 가지를 전정해 인위적으로 조성한 그늘을 말한다. 나무를 군식해 숲정원을 만

반음지의 식물, 복수초 군락

151

들었을 때 답답하지 않도록 시야를 열어주고 아침·저녁으로 들어오는 햇빛의 양을 많게 해 다양한 식물을 도입할 수 있게 해준다. 특히 햇빛은 좋아하지만 여름철 고온다습한 기후에 약하고 서늘한 기후를 선호하는 만병초, 철쭉, 진달래, 나무수국류 등에 좋은 장소가 된다.

하이 셰이드(High Shade).
만병초원을 조성하기 위해 침엽수의 아래 가지를 전정하여 하이 셰이드를 조성하였다.

4) 양지Full Sun

양지는 하루 동안 최소 6시간 이상 직사광선이 들어오는 장소를 말한다. 양지식물은 원활한 생육을 위해 하루 6시간 이상의 빛이 요구된다. 단, 양지식물도 여름철 심각한 건조나 더운 열기를 견디는 정도는 종류마다 다르다.

그늘(음지)식물

1) 그늘(음지)식물의 생태와 경관

온대림의 원시림, 즉 음수림은 대표적인 음지Full Shade다. 키가 큰 교목들이 상층부를 장악하고 있어 숲은 늘 그늘이 진다. 단풍이 지는 늦가을부터 새순이 나오기 전 이른 봄까지를 제외하면 숲 안으로 직사광선이 들어오는 시간은 거의 없다. 햇빛은 겹겹이 놓인 나뭇잎 사이를 거치면서 점차 옅어지고 순해진다.

식생의 천이과정에서 보면 음수림은 가장 마지막 단계에 있다. 천이란 일정지역 내에서 시간의 흐름에 따른 식생의 변이 과정을 나타내는 것으로 식물이 존재하지 않는 나지대에서 시작해 음수림에서 완성된다. 극상림 또는 원시림으로 불리는 이 숲은 또 다른 교란으로 계속되는 순환 과정을 밟아 나가지만 천이 과정 중 가장 안정적인 완성형의 구조를 지닌다.

음수림의 가장 큰 특징은 과도한 경쟁 구조가 아닌 생물들 간의 안정적인 공존 시스템이 구축되어 있다는 것이다. 음수림의 식물들은 생존에 필수적인 햇빛과 유기물·수분 등을 나누어 쓰는 지혜를 터득했고 자기가 처한 위치에서 제 자리를 지켜나갈 만큼의 분량 그 이상을 탐하지 않는다. 숲을 이루는 다양한 요소들 간의 관계맺음 속에 보이지 않는 규율과 질서가 있고 이로 인해 조화로운 균형을 만들어낸다.

음수림의 이러한 특징은 형태적으로도 고스란히 드러난다. 우선 잡목림이나 양수림에 흔히 나타나는 공격적인 덩굴성 식물이 없다. 또 서로 치열하게 우위를 다투며 비슷한 크기로 성장하는 경쟁적인 모습이 아닌 뚜렷한 식생의 층위 구조를 보인다. 숲 내부는 교목층, 아교목층, 관목층, 초본층으로 명확하게 구분되며 그 안에서 지나치게 도드라지게 성장하거나 근경을 길게 뻗어 과감하게 영역을 확장하는 식물은 찾아보기 어렵다.

음수림 내부에 들어서면 우리는 다른 시간대의 공간으로 들어온 것 같은 느낌을 받게 된다. 숲 안은 형용하기 어려운 평온함과 신비로운 분위기로 가득 차있고 오래된 나무는 선각자가 지니는 경외감 같은 것을 주기도 한다. 이것은 음수림 내부의 엄중한 질서, 즉 생태적 균형ecological valance을 본능적으로 직감했기 때문일지도 모르겠다.

숲 안으로 들어서면 사람의 시선으로 볼 수 있는 대부분은 나무의 수간부trunk다. 음수림에는 무성하게 뻗어나는 잡목들이 없어 시간과 함께 나무는 일정 굵기 이상으로 커져간다. 나무와 나무 사이에는 적당한 간격이 유지되고 간격이 주는 여백 안에서 멀고 가까운 곳에서 겹쳐지며 만들어내는 선의 형상은 그 어떤 동양화보다 깊이 있는 울림을 준다.

숲 내부는 바람의 영향이 적어 공중습도가 높다. 오랜 시간 퇴적된 낙엽과 유기물들은 풍성한 부엽토층을 형성하고 가지각색의 이끼와 버섯, 수많은 양치식물들이 지천으로 가득하다. 천여 종이 넘는 숲속 야생화들은 숲 이곳저곳에서 맑은 빛깔을 뽐낸다.

우리나라에는 사람의 손이 닿지 않은 극상의 음수림이 없다. 그러나 깊은 산이나 계

복수초와 박새. 그늘에 사는 식물은 가시나 털이 없고 잎과 줄기가 부드럽다.

154

곡 사이로 산불이나 벌채 등의 영향을 적게 받은 원시림에 가까운 음수림이 제한적으로 나타난다. 그늘정원을 만들기 전에 한 번은 숲을 찾아가길 바란다. 숲의 생태와 경관을 익히면 그늘정원을 만드는 일도 보다 쉬워진다. 그리고 오랜 시간 부대끼며 치열하게 경쟁하던 생명들이 삶의 지혜와 순리를 익혀 나누고 공존하는 숲의 미덕을 느껴보길 권한다.

2) 그늘(음지)식물의 특징
음지식물은 수목과 초본의 경우 그 특징이 다소 상이하다. 수목의 경우 음지식물, 즉 음수라고 부르는 나무들은 초기 성장기까지는 음지에서 서식하지만 성목이 된 이후에는 대부분 양지에서 자란다. 여기서는 다 자란 이후에도 교목층 아래 놓이는 초본층과 관목층을 중심으로 음지식물의 특징을 정리한다.

① 잎과 줄기가 부드럽다
숲 속은 강한 바람이 없고 공중습도가 높다. 직사광선도 거의 없고 초식동물에게 공격을 받는 일도 드물다. 때문에 음지식물의 잎과 줄기는 연약할 만큼 부드럽다. 이것은 양지식물에서는 볼 수 없는 중요한 형태적 특징이다. 식물에 대한 정보가 없을 때 만약 잎과 줄기가 부드럽다면 강한 바람과 뜨거운 오후 햇빛을 피할 수 있는 곳에 식재하기 바란다.

② 지나치게 커지지 않는다
음지식물은 적은 양의 광조건 아래서도 효율적으로 나누어 쓰는 데 적응한 식물군이다. 따라서 이웃하는 식물과 경쟁하며 보다 높게 자라기 위해 무리하게 에너지를 소비하지 않는다. 무성하게 자라고 번져가는 양지식물과 달리 음지식물은 제자리를 고수한다. 배식 계획을 수립할 때에는 이러한 성장 속도나 특징을 파악하고 있어야 한다.

③ 땅속 뿌리줄기(근경)가 없거나 짧다
식물은 움직이지 않는다는 것이 사람들의 상식이다. 그러나 식물도 영역을 확장하거나 보다 나은 서식지로 이동한다. 단, 그 방법이 동물과 좀 다를 뿐이다. 대표적인 예가 뿌리줄기다. 뿌리줄기는 땅속으로 자라는 줄기를 말하는데 양지식물의 경우 뿌리줄기를 길게 뻗어 더 나은 환경(특히 광조건)을 탐색하고 적합한 서식지를 찾으면 그곳에서 새로운 잎을 내어 성장한다.

진퍼리개고사리.
수 미터의 근경을 뻗어내는
양지식물에 비해
음지식물은 근경이 없거나
그 형태가 남아있더라도 매우 짧다.

앵초.
이른 봄에는 잔털이 나지만
성장하면서 점차 없어진다.

그러나 안정된 숲속 생태에 적응한 음지식물은 이러한 뿌리줄기가 필요 없다. 그 형태가 남아 있다고 해도 매우 짧게 나타난다. 단 조릿대속*Sasa*은 예외적으로 근경이 발달하는 식물이면서도 음지에서의 적응력이 뛰어나 음지식생을 장악해버리는 문제를 일으킨다. 조릿대속을 식재할 때는 독립적인 화단에 단일수종으로 식재하거나 식재지 하부로 시트를 설치해 근경이 뻗어나가는 것을 차단하는 것이 좋다.

④ 비교적 천천히 자라며 여름철까지 크기 변화의 폭이 적다

원추리와 같은 양지식물은 여름철이 되면 키가 더욱 커지면서 무성해진다. 그러나 맥문동속*Liriope*, 둥굴레속*Polygonatum* 등의 음지식물은 봄에 순이 나와 성장한 후 크기의 변화가 거의 없다. 이런 특징을 모르고 양지식물과 음지식물을 혼식하면 성장 후 크기가 맞지 않거나 양지식물이 음지식물을 뒤덮어 균형감이 깨져버린다.

⑤ 꽃이 피는 성묘가 될 때까지 오랜 시간이 걸린다

일반적인 야생화의 경우 발아에서 개화까지 약 1~2년의 시간이 소요된다. 그러나 얼레지, 복수초, 바람꽃, 앉은부채, 복주머니란, 연영초 등과 같은 음지의 다년생 초본은 최소 4~5년 정도의 시간이 필요하다. 이 또한 극상림의 안정성과 관련이 있는 것으로 보인다.

⑥ 털이 거의 없다

식물의 잎이나 줄기에 나는 털은 혹독한 건조나 추위, 바람, 염분 등의 피해를 막기 위한 기관으로 숲 속에 자라는 식물에게는 필요하지 않다. 다만 앵초 등과 같이 일찍 피는 봄꽃인 경우 식물 전체에 털이 나있기도 하지만 성장하면서 점차 없어진다.

⑦ 식물의 씨앗은 새나 곤충 등의 동물에 의해 전파된다

음수림 내부는 큰 나무들이 겹겹이 있고 강한 바람이 불지 않기 때문에 씨앗을 바람의 힘으로 퍼뜨리기 어렵다. 때문에 음수림의 목본식물은 새가 먹을 수 있는 과육을 만들고 새의 눈에 쉽게 띄는 붉은 색으로 열매를 물들여 씨앗을 퍼뜨리는 경우가 많다. 얼레지와 같은 초본식물은 씨앗에 일레이오좀elaiosome이라 불리는 지방질이 풍부한 성분을 만들어 개미를 유인하기도 한다.

⑧ 이끼와 양치식물의 다양성이 높다

음수림에는 이끼와 양치식물의 다양성이 높다. 이끼와 양치식물은 숲 속 야생화와 더불어 그늘정원의 대표적인 소재로 쓰인다. 이끼는 매혹적인 빛깔과 부드러운 질감으로 바닥면을 장식하고 양치식물은 깃털처럼 여러 갈래로 나뉜 부드럽고 유연한 질감의 잎으로 독특한 형태미를 드러낸다.

⑨ 이른 봄에 꽃이 피고 생육하는 종류가 많다

음지식물 중에는 이른 봄에 꽃을 피워 생육하는 종류가 많다. 바람꽃, 앵초, 복수초, 얼레지 등이 대표적이며 이들은 숲의 상부를 지키고 있는 나무들이 새순을 내기 전 숲 안으로 햇볕이 충분히 들어오는 이른 봄에 일찍 나와 생장에 필요한 빛 에너지를 얻는다. 그리고 낙엽수의 녹음이 짙어지는 여름 이후에는 휴면에 들어간다.

⑩ 숲 속에 자라는 덩굴성 식물은 기근으로 다른 나무에 붙어 자란다

칡, 등나무, 멀꿀과 같은 양지성 덩굴식물은 다른 나무의 줄기를 감고 올라가 성장하며 덩굴이 무성하게 수관을 덮어 나무를 고사시키는 경우도 있다. 하지만 음수림의 덩굴식물은 좀 다른 방법으로 성장한다. 안정적으로 제어된 환경 속에 적응한 덩굴식물은 기근으로 나무줄기에 붙어 자라고 다른 식물에게 큰 피해를 주지 않는다. 대표적인 예로 담쟁이덩굴, 송악, 마삭줄 등이 있으며 제주도와 울릉도에 자생하는 등수국과 바위수국의 경우는 정원 식물로 널리 알려져 세계적으로 애용되는 소재이기도 하다.

숲 내부에는 다양한 이끼와 양치식물이 서식한다.

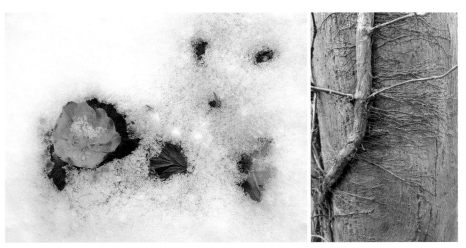

복수초. 눈이 채 녹기 전인 이른 봄에 꽃을 피운다.   숲 속 덩굴식물의 기근

⑪ 목본식물의 경우 수피에 가시가 없고 색이 화려하지 않다

자작나무, 배롱나무 등과 같이 눈에 띄게 특별한 색을 지니는 나무들이 있다. 혹은 머귀나무와 같이 수피에 가시나 가시 같은 돌기가 있는 나무도 있다. 이들은 대부분 양지성 식물들로 진화의 과정에서 초식동물 등에 의한 피해를 막기 위해 형성된 특징들이다. 반대로 숲속 나무들은 상대적으로 공격적인 요소가 없어 수피의 화려한 색이나 가시가 발달하지 않는다.

그늘정원 조성

그늘정원의 소재는 무궁무진하다. 일본이나 유럽 등지에서는 오래전부터 여러 가지 주제의 그늘정원이 조성되어 왔다. 이끼원Moss Garden, 양치식물원Fern Garden, 만병초원Rhododendron Garden, 수국원Hydrangea Garden 등 다양한 주제원이 조성되기도 한다. 특정 식물군을 주제로 하는 경우 외에도 그늘의 정도와 식물의 조합에 따라 다양한 분위기의 그늘정원을 조성할 수 있다. 여기서는 몇 가지 대표적인 그늘정원의 사례를 통해 그늘정원을 만드는데 필요한 생태적 접근 방법과 기본적인 조성 원리, 배식 방법 등을 살펴본다.

02.
이끼원
Moss Garden

숲에는 늘 이끼가 있다. 공중습도가 높은 숲 속은 이끼가 살기에 최적의 공간이다. 아주 오래 전 꽃피는 식물이 세상에 나오기 훨씬 전부터 이끼는 존재했고 사람들은 이끼를 통해 그 영속적인 시간의 깊이를 느끼며 감탄한다. 이끼의 가장 큰 매력은 바닥으로 낮게 깔려 군집을 이루는 형태적 단순성으로 이러한 특징은 다른 어떤 식물이나 시설과도 쉽게 융화하게 만든다. 치밀하고 촘촘한 형태는 공간을 부드럽게 받쳐주고 짙은 빛깔과 촉촉하게 윤이 나는 질감은 숲의 고즈넉함과 깊은 자연성을 떠올리게 한다. 그래서인지 조용한 사색과 자기 성찰이 필요한 옛 사찰과 전통정원에는 늘 이끼정원이 함께했다.

이끼의 특징

1) 생활상
이끼는 꽃과 열매를 맺지 않고 포자로 번식하는 원시식물이다. 선태식물蘚苔植物(Bryophyte)이라고 부르는 식물군으로 분류학적으로 양치식물과 가깝지만 통도 조직이 발달해 있지 않아 물과 영양분을 온몸으로 흡수해야 한다. 엽록체가 있어 광합성을 할 수 있으며 대부분 1~10cm 정도로 키가 작다.

잎처럼 생긴 아랫부분이 배우체(n)이고
길게 나와 끝에 주머니 모양의 포자낭을 달고 있는 윗부분이 포자체(2n)이다.

　　이끼는 일반적인 식물과는 다른 방식으로 번식한다. 우리가 주변에서 흔히 보는 이끼의 형태는 배우체라고 하는 것인데 배우체는 염색체가 반수(n) 상태인 것으로 양치식물에서 포자가 발아하여 생기는 전엽체와 유사하다. 이 배우체의 줄기 끝에서 장란기와 장정기가 나와 각각 난자와 정자를 만들고 이것이 수정이 되면 포자체(2n)가 된다. 포자체는 작은 주머니 모양의 포자낭을 만들고 포자낭에서는 감수 분열이 이루어져 포자(n)가 만들어진다. 포자는 바람에 날려 이동하며 적당한 환경을 만나면 발아하여 다시 배우체, 즉 이끼가 된다.

　　이끼는 건조한 환경에서는 모든 대사를 멈추고 휴면에 들어가는 특징이 있다. 대부분의 이끼는 공중습도가 높은 곳에 서식하는데 기상의 변화로 비가 오지 않거나 건조한 조건이 되면 모든 활동을 중지하고 휴면에 들어간다. 그러다가 다시 비가 와서 적절한 생육 조건이 갖추어지면 곧바로 물을 흡수해 생육을 시작한다.

한라산 어리목계곡의 이끼 생태

2) 종류

지구상에는 약 2만 3천여 종의 이끼가 자라고 있다. 우리나라에도 500여 종의 이끼가 자생하는 것으로 알려져 있지만 이에 대한 연구가 활발하지 못해 아직 밝혀지지 않은 종이 많다. 이끼는 크기가 작고 변이가 심해 분류하는 일이 어렵다. 식물을 공부하는 사람이나 이끼 정원에 관심이 많은 사람도 이끼에 대한 공부를 포기하거나 손 놓고 있는 경우가 허다하다. 필자 또한 이끼의 종류에 대해서는 무지한 것이 사실이다.

하지만 하나하나의 이끼를 구분하지 않아도 어렵지 않게 이끼의 특성을 파악할 수 있는 구분법을 소개한다. 이끼는 크게 직립형 이끼와 포복형 이끼로 나뉘는데 이 단순한 분류 방법이 정원을 조성하고 관리하는 데 있어 의외로 많은 정보를 제공해준다.

① 직립형 이끼Acrocarpous Mosses: 솔이끼 등

줄기는 직립하고 옆으로 뻗는 측지가 없다. 줄기 끝에 포자낭이 달리며 둥근 모양으로 모여난다. 여러 개체가 군집해 하나의 생물체처럼 모여 나는 것을 콜로니colony라고 하는데 직립형 이끼는 둥근 형태의 콜로니를 형성하며 자란다. 포복형 이끼에 비해 천천히 자라지만 단단하게 밀착된 콜로니를 형성하는 특징 때문에 잡초에는 상대적으로 강한 편이다.

직립형 이끼는 포복형 이끼보다 훨씬 건조에 강하다. 비가 오지 않아 건조해지면 휴면에 들어가 생육을 멈추고 있다가 비가 내릴 때 다시 생육을 시작한다. 같은 공간 내에서도 수분이 상대적으로 적은 지면의 상부 쪽으로 번성한다.

직립형 이끼

포복형 이끼

건조기에 이끼는 생육을 멈추고 휴면한다(우측). 그러나 건조기가 지속되면 결국 고사하고 만다(좌측).

② 포복형 이끼Pleurocapous Mosses: 털깃털이끼 등

줄기가 포복형으로 자라고 카펫처럼 펼쳐 자라는 경향이 있다. 가지는 자유롭게 분지하고 포자낭은 배우체 줄기의 가지 사이에서 나온다. 직립형 이끼보다 빠르게 성장하고 부서진 줄기 조각의 재생 또한 빠르다. 고목이나 돌 등에도 쉽게 번성한다.

　　포복형 이끼는 직립형 이끼에 비해 더 습한 곳에 서식한다. 연중 비가 내리거나 깊은 숲속의 계곡 주변, 습지 등에서 쉽게 볼 수 있다. 성장과 재생이 빠른 장점이 있기는 하지만 포복형 이끼를 유지하기 위해서는 일반적인 정원 식물의 생육 조건보다 물기가 많은 습한 조건을 유지해야 하기 때문에 다른 식물들과 함께 쓰기가 어려울 수 있다. 단빨리 생육하는 특징을 활용해 초기에 포복형 이끼를 피복하고 물을 조절해 중장기적으로 직립형 이끼를 유도하는 방법도 사용해 볼 수 있다.

3) 생육 환경과 대사

이끼의 대사metabolism는 단순하다. 광합성으로 나오는 에너지를 따로 비축하지 않고 바로 호흡 과정을 통해 소비한다. 마치 온 오프 스위치를 켰다가 끄는 것처럼 합성과 소모를 반복하며 생장한다. 건조해지거나 온도가 영하 이하로 떨어져 생육이 곤란해지면 모

돌담 위에 번성한 이끼

든 대사를 중지하고 바로 휴면에 들어간다. 때문에 고등 생물과 달리 에너지를 비축하는 눈이나 구 등의 저장 기관도 없다. 단지 휴면기 중 심각한 건조로 탈수 증상이 일어나 세포가 손상될 경우 이를 치료하기 위한 약간의 단백질만 비축해 둔다.

이끼도 광합성을 하기 위해서는 태양빛이 필요하다. 그러나 직사광선은 이끼에게 오히려 해가 될 수 있다. 물기가 있는 환경을 선호하는 이끼에게 직사광선은 주변의 온도를 높이고 건조를 가속시켜 생육을 위태롭게 한다. 더욱이 직사광선이 비추는 곳은 그늘이 없는 양지를 뜻하므로 습지 등의 특별한 경우를 제외하고는 습도를 유지하기가 어려울 것이다. 휴면을 통해 열악한 환경을 견디어내는 특성이 있기는 하지만 계속되는 건조는 결국 이끼를 고사하게 만든다.

광합성에 필요한 약간의 햇빛과 충분한 습기 그리고 0℃ 이상의 온도만 갖추어지면 유기물이 거의 없는 곳에서도 이끼는 원활하게 생육한다. 식물체가 작고 뿌리는 몸을 지탱하는 정도의 역할만 수행하므로 별도의 유기물을 흡수하지 않아도 살아가는 데 큰 지장이 없다. 그래서 대부분의 이끼들은 유기물이 거의 없는 토양이나 바위, 나무 기둥 등에 의지해 살아간다.

166

이끼가 서식하기 시작하면 토양층이 안정화되면서 토양입자는 물론 유기물의 용탈을 방지할 수 있게 된다. 이러한 특징은 천이과정상 다른 고등식물의 정착을 도와준다. 또 작은 동물에게는 안식처와 음식을 제공하고 빗물을 여과하는 기능도 수행한다.

4) 토양

이끼는 토양 조건에 그다지 까다롭지 않다. 적당한 수분 조건만 갖추어진다면 우리나라에 흔하게 있는 점질토, 사질양토, 화산회토, 점토와 혼합된 마사토 등 어디서든 무난하게 살아간다. 다만 답압이 심한 지역은 배수가 불량해 이끼가 자랄 수 없는 조건이 될 수 있다.

이끼뿐 아니라 대부분의 식물은 배수가 불량한 토양에서 살기 어렵다. 그러나 현실의 많은 정원들은 건축 공사 마지막 단계에서 조성되는데 이때 공사 중 답압으로 토양이 단단하게 굳어지는 경우가 많다. 따라서 정원을 조성할 때는 표토를 걷어내 기존 토양의 잡초가 번지지 않게 하고 단단해진 기존 지반을 깊이 약 50cm 정도로 파서 뒤집어 주는 작업이 필요하다. 식재용토는 마사토와 피트모스를 부피 1 : 1로 혼합해 사용하고 마사토는 가급적 잡초가 없고 점질 성분이 없는 심토를 이용한다.

이끼정원 조성

1) 유의사항

이끼정원을 조성하기 위해서는 이끼가 잘 자랄 수 있는 환경을 만들어 주는 것이 중요하다. 울창한 원시림이나 공중습도가 높은 계곡에서처럼 이끼가 최상의 상태로 생육하기 위해서는 다음과 같은 환경을 갖추어야 한다.

① 북서풍을 차단하고 그늘을 만든다

이끼정원은 전형적인 그늘정원으로 이끼를 도입하기 위해서는 반드시 음지Full Shade 또는 반음지Half Shade를 만들어야 한다. 건물과 건물 사이, 건물 내 중정과 같이 인위적인 그늘이 조성되는 곳도 이끼정원에 적합하다. 간벌과 가지치기가 잘된 인공 침엽수림(예: 잎갈나무림, 잣나무림, 삼나무림)의 하층부에는 규모가 큰 이끼정원을 만들 수 있다.

주변 숲과 큰 건물로 둘러싸여 바람의 영향이 적고 그늘이 형성되는 공간은
이끼정원을 조성하기에 적당하다.

우리나라의 경우 겨울철에 부는 한랭한 북서풍이 식물 생존에 많은 영향을 끼친다.
만약 조성할 부지 내에 적당한 숲이나 그늘이 없다면 북서풍을 막고 그늘을 만들어 줄
수 있도록 교목을 식재하거나 시설물을 배치한다.

규모가 큰 이끼정원을 계획한다면 숲정원Woodland Garden을 만들어도 좋다. 숲정원은
숲의 경관을 주제로 조성한 정원으로 이끼정원의 좋은 환경을 제공해 줄 것이다. 숲정원
을 조성할 때는 나무줄기의 굵기와 간격, 성장 속도와 특성 등을 고려하고 교목을 너무
밀식하지 않도록 유의한다. 특히 상록성 교목의 수를 제한하는 것이 중요한데 상록성 교
목이 많아질 경우 숲 전체가 깊은 음지Deep Shade가 되어 정원이 어두워지고 이끼와 더불
어 식재할 수 있는 숲속 식물의 범위가 줄어들 수 있다.

기존 숲을 활용해 이끼정원을 조성할 경우는 간벌과 가지치기로 숲 내부의 공간감
을 확보하고 산책로와 쉼터를 계획한다. 시설물을 배치할 때에는 현장감이 잘 반영되는
것이 중요하므로 도면에만 의지하지 말고 가급적 현장을 자주 찾아가길 바란다. 또 시설
물로 인해 기존 수목의 뿌리가 다치지 않도록 나무와 적당한 거리를 두고, 울타리나 경
계를 조성할 때는 밧줄이나 끈 등으로 나무 기둥을 조이지 않도록 주의한다.

② 공중습도를 유지한다

이끼의 원활한 생육을 위해서는 높은 공중습도를 유지하는 것이 중요하다. 북서풍을 차단하고 나무를 심어 그늘을 만드는 것만으로도 어느 정도의 공중습도가 유지되기는 하지만 조성 초기나 건조기와 같은 특별한 경우를 대비해 안개분수Mist를 설치하는 것이 좋다.

주변보다 지형이 낮은 공간에 이끼정원을 만드는 것도 좋다. 바람을 차단하는 효과와 더불어 공중습도를 높일 수 있다. 단, 낮은 곳으로 빗물이 고일 수 있기 때문에 반드시 우수시설을 계획해야 한다.

여유 공간이 있다면 이끼정원 내에 계류나 연못을 조성하는 것도 좋다. 계류를 따라 흐르는 물은 부지 전반에 공중습도를 높여주고 물가에 자라는 식물을 도입할 수 있는 이점이 있다.

③ 이끼의 아름다움이 표현될 수 있는 디자인을 구상한다

이끼는 다른 어떤 식물보다도 작고 조밀하다. 촘촘히 모여 난 이끼는 붙어 있는 지면의

중정 내부에 작은 개울과 이끼정원 조성, 제주 비오토피아

이끼면 위로 붉은 단풍잎이 떨어져 색의 대비가 뛰어나다.

형태에 따라 굴곡을 달리한다. 때문에 다른 어떤 식물보다도 지면의 디자인을 세심하게
고려해야 한다.

이끼정원은 여백을 디자인해야 하다. 선과 여백의 미가 중시되는 수묵화처럼 단순
하면서도 절제된 공간을 연출해야 한다. 키가 큰 다른 식물과 혼식할 경우 이끼의 군집
된 면이 만들어내는 아름다움은 사라진다. 가급적 선이 강조되는 수형이 좋은 낙엽수를
이용하고 초본류는 신중히 선택한다.

2) 이끼정원에 유용한 식물

① 단풍나무 *Acer palmatum*

단풍나무는 조경수로 많이 사용되는 수목이다. 대표적인 음수로 그늘에서도 고유한 수
형이 잘 유지되며 전정에도 강하다. 봄에 나오는 새순과 여름철 싱그러운 녹음도 이끼와
잘 어울리지만 붉게 물든 단풍잎이 이끼정원 위에 떨어질 때 절정을 이룬다. 자생하는 단
풍나무와 더불어 이용 가능한 품종이 많다.

② 사람주나무 *Sapium japonicum*

사람주나무는 단풍이 일찍 드는 나무로 유명하다. 전형적인 음수이며 천천히 자라는 아교목으로 수형이 단아하며 수피는 밝고 매끄럽다. 일교차가 심하지 않은 따뜻한 곳에서도 단풍이 좋아 제주도와 남부지역에서 이용하기 좋다.

③ 산딸나무 *Cornus kousa*

단풍나무와 더불어 많이 쓰이는 조경수다. 늦봄에 피는 꽃과 가을에 적색으로 익는 열매가 아름답다. 나이가 든 나무는 수피가 얼룩지며 벗겨진다. 다양한 품종이 유통되어 이용 가치가 높다.

겨울철 수피가 붉게 변하는 단풍나무 품종인
에디스버리단풍(*Acer palmatum* 'Eddisbury')

이끼정원의 사람주나무,
서귀포 K주택

171

이끼정원의 나도히초미, 서귀포 K주택

④ **자작나무**_Betula platyphylla var. japonica_

그늘정원에 알맞은 음수는 아니지만 규모가 큰 이끼정원에서 군락으로 사용하기 좋은
수종이다. 자작나무의 흰색 줄기는 푸른 이끼와 어우러져 강한 인상을 남긴다.

⑤ **비비추속**_Hosta_

비비추속은 정원에서 많이 쓰이는 대표적인 식물군이다. 국내에 유통되는 품종만 해도
200여종에 달한다. 그늘에서 생육이 좋고 양치식물과의 어울림도 좋아 이끼정원에서도
많이 활용된다. 단, 작은 규모의 이끼정원에서는 크게 자라는 대형종을 피하고 그늘에는
노란색 품종의 생육이 좋으므로 이를 참고해 배식 계획을 수립한다.

⑥ **양치식물**_Fern_

이끼와 생육 환경이 유사하다. 나도히초미, 가는잎처녀고사리, 관중, 청나래고사리, 고비
고사리 등이 있다.

⑦ **산수국**_Hydrangea serrata for. acuminata_

그늘에 강한 낙엽 관목으로 초여름에 꽃을 피운다. 품종이 다양해 선택의 폭이 넓다.

⑧ **자금우속**_Ardisia_

그늘진 곳에 서식하는 키 작은 관목이다. 우리나라에는 백량금, 자금우, 산호수 등이 자생한다. 겨울철 붉은 열매가 달리고 내한성이 약해 제주도 및 남부지방에서만 월동한다.

⑨ **앵초속**_Primula_

그늘이 있고 습도가 높은 토양을 좋아한다. 자생종으로 앵초와 설앵초 등이 있다. 앵초속 중에서도 촛대형(예: _Primula japonica_)으로 꽃이 피는 종류는 물가에 자라는 호습식물로 이끼정원과 생육 환경이 잘 맞는다.

⑩ **노루오줌속**_Astlibe_

앵초와 더불어 물가 축축한 땅이나 반그늘에 잘 자라는 식물군이다. 우리나라에는 노루오줌과 숙은노루오줌 등이 자생한다. 다양한 품종들이 유통되고 있는데 이끼정원에는 지나치게 화려한 색감의 꽃보다 파스텔 톤이나 흰색 계열의 꽃이 좋다.

3) 식재

이끼는 다양한 토양 성질에 적응력이 좋은 편이다. 그러나 물이 고여 배수가 불량한 토양에서는 쇠뜨기나 주름잎 등의 잡초가 발생하기 쉽다. 특히 잡초성인 우산이끼가 번성해 이끼정원을 뒤덮을 우려가 있으므로 주의한다. 이끼정원의 조성 부지가 배수가 불량한 곳이라면 사전에 암거 작업을 하고 식재용토를 교체하는 것이 좋다. 식재 면적이 넓을 경우 이끼가 안정적으로 안착하기 전에 표토가 유실될 우려가 있는 곳 역시 배수구나 암거 시설을 갖추어야 한다. 이 경우 이끼 식재 후 망을 덮는 것도 효과적이다.

이끼정원은 지면을 고르게 정리하는 것이 중요하다. 잡초가 많은 표토층은 걷어내고 계획대로 지형을 조형한다. 표면에 있는 작은 자갈도 깨끗하게 제거한다. 토양은 마사토와 피트모스를 부피 1 : 1 비율로 혼합해 사용하고 두께는 약 10~20cm 정도 포설한다. 토양을 포설하고 난 후에는 충분히 물을 주어 기존 토양과 분리되지 않도록 하고 물기가 빠지고 나면 표면을 갈퀴로 얇게 긁어내어 식재 준비를 한다.

이끼는 포자로 번식하거나 삽목과 유사하게 성체에서 떼어낸 이끼 조각으로 영양 번식한다. 정원에서는 대부분 영양 번식을 이용하는데 잔디의 뗏장처럼 큰 단위로 분리해 붙여 심는 방법과 식물체를 잘게 갈아낸 이끼 조각Moss Fragments을 지면에 조밀하게 흩어 뿌려 모래에 얇게 묻어 번식하는 방법이 있다. 이끼 조각은 충분한 온·습도가 유지되면 근경이 나오면서 번져간다.

이끼정원 내의 문제가 발생한 부분을 걷어내고 이끼 뗏장을 이용해 보식하고 있다.

정원에서는 보통 빠른 효과를 보기 위해 뗏장처럼 큰 단위로 분리해 식재하는 방법을 이용한다. 이 경우 비용이 많이 들긴 하지만 초기 경관이 좋고 정착이 빠른 장점이 있다. 이끼 뗏장을 식재할 때는 지면에 물을 충분히 준 후 이끼 뗏장의 가장자리를 흙속에 묻듯 누르고 공기층이 없도록 식재한다. 이식된 이끼는 새로운 환경에 적응하는 시간이 필요하므로 활착하기까지 1~2개월간 보다 잦은 관수와 세심한 관리가 필요하다.

① **직립형 이끼**Acrocarpous Mosses: **솔이끼 등**

느리게 성장하고 건조 시기가 필요하다. 폭 2~3cm, 너비 1cm 내외의 조각을 사방 20cm 간격으로 삼목해서 바닥을 채우려면 최소 2년 정도의 시간이 소요된다. 2~3개월 이상 지속되는 습기는 견디지 못한다. 이끼 색이 다소 어두워지고 크기가 작아진다면 과습한 상태이므로 물을 줄이고 반대로 잎이 마르거나 둥글게 안으로 말리면 물을 준다. 지나치게 건조할 경우 마른 잎에 힘이 없고 말린 모양이 일정하지 않게 된다. 이식 후 관수 주기는 처음 1~2개월은 1일 1회, 3개월째는 주 3회, 4개월째는 1개월에 4~5회, 5개월 이후부터는 3주 이상 비가 오지 않는 경우에만 관수한다.

② **포복형 이끼**Pleurocapous Mosses: **털깃털이끼 등**

습기에 강하고 빠르게 성장한다. 이상적인 온도에서 하루에 최소 여러 시간 동안 분무했을 경우 연간 2배 이상 번식한다. 거의 매일 물을 주어도 무방하나 함께 재배하는 식물의 뿌리썩음병 등을 유발할 수 있으므로 주의한다. 과습한 상태에서 온도가 25℃ 이상 되면 흰가루병이 많아진다. 이런 경우 관수를 중단하고 세심히 관찰하면서 조금씩 물을 주어 다시 자랄 수 있도록 한다. 포복형 이끼는 지면을 가득 메우고 나면 점차 두꺼워지므로 이때는 관수를 줄이는 것이 좋다.

03.
양치식물원
Fern Garden

양치식물羊齒植物(Fern)은 고사리 종류를 통칭하는 말이다. 분류학적으로는 이끼보다 고등한 식물군이지만 꽃이 피지 않고 포자로 번식하는 관속식물을 지칭한다. 양치식물은 숲속에 분포하는 종류가 많아 그늘정원의 소재로 유용하며 이를 적극적으로 활용해 독립적인 주제원Fern Garden으로 조성하기도 한다.

양치식물의 매력

1) 원시적인 아름다움이 있다

잘 가꾸어진 양치식물원은 사람의 손길이 닿지 않는 원시림에 온 것 같은 착각을 일으키게 한다. 촉촉하게 피부에 와 닿는 습도와 적당히 걸러진 부드러운 햇살은 훌륭한 배경이 되어주고 깃털처럼 잘게 나뉘어 사방으로 힘차게 뻗은 양치식물의 잎은 독특한 형태미를 자아낸다. 특히 아열대 및 열대기후대에 자라는 딕소니아Dicsonia, 해고Cyathea와 같은 나무고사리tree fern는 나무처럼 수 미터까지 자라나 공간을 압도한다. 투박하고 단순한 수간과 부드럽게 늘어져 떨어지는 잎의 조화 또한 멋스럽다.

한라산 관중 군락

나무고사리 군락

제주 여미지식물원 온실 입구. 나무고사리를 비롯한 다양한 양치식물을 전시하였다.
유럽에서 조성되었던 퍼너리(fernery)를 연상케 하는 모습이다.

퍼너리fernery

- 19세기 유럽인들은 전 세계를 탐험하며 정원의 진귀한 식물을 수집하는 데 열광했다. 그리고 그 수집 목록 중에는 양치식물도 포함되어 있었다. 특히 빅토리아 여왕시대에 접어들면서 양치식물 마니아pteridomania: the fern craze가 급증하게 되는데 이들은 퍼너리fernery를 조성해 북반구의 온대 양치식물은 물론 뉴질랜드의 다양한 나무고사리tree fern까지 수집했다고 한다.
- 퍼너리는 양치식물을 자연 상태와 유사한 환경에서 재배하기 위한 목적으로 조성한 시설로 온실을 만들거나 혹은 옥외에 시설을 조성해 강한 햇빛과 바람을 막고 공중습도를 유지할 수 있도록 했다. 이는 양치식물을 위한 특별한 정원 양식으로 양치식물원의 기원이 된다.

2) 다양한 색감이 돋보인다

양치식물은 그 종류와 시기에 따라 다양한 범주의 녹색을 연출한다. 하나하나 이름을 붙일 수 없는 수만 가지의 초록빛이 묻어 나온다. 특히 봄철 돌돌 말린 어린잎이 활짝 필 때까지 형태와 색감의 변화가 흥미롭고 그 기간이 생각보다 길어 큰 볼거리가 된다. 더욱이 어린잎은 종류마다 색의 차이가 커서 연녹색, 회녹색, 갈색, 홍자색 등 초록색 이외의 색채감을 볼 수 있는 시기이기도 하다.

3) 배경이나 혼식 식물로 이보다 좋을 순 없다

양치식물은 종류에 따라 독립적으로 쓰이기도 하지만 다른 식물들과 어우러지는 조화가 뛰어나 배경 식물이나 혼식 식물로 유용하다. 깃털 모양으로 잘게 갈라지는 잎은 공간을 세밀하게 쪼개어 부드러운 질감을 표현해낸다. 특히 숲 속 식물은 매끄럽고 넓은 잎이 많아 그 대비가 더없이 좋다. 비비추, 연영초, 둥굴레, 천남성 등과 함께 쓰고 풍지초, 맥문동과 같이 가늘지만 깨끗하고 또렷한 형태의 잎과도 조화가 뛰어나다.

4) 음지에 가장 적당한 소재다

양치식물은 건조한 풀밭에서부터 물가에 이르기까지 그 종류와 서식 환경이 다양하지만 대부분은 음지성으로 숲과 같은 그늘에 서식하는 것이 많다. 특히 일반적인 야생화가 생육하기 어려운 건축물 북면이나 실내의 짙은 그늘에서도 활용도가 높다.

족제비고사리(*Dryopteris varia*)의
붉은색 신엽

청나래고사리(*Matteuccia struthiopteris*),
그늘정원의 배경 식물로 유용하다.

그늘진 중정에서 자라는 양치식물

도깨비고비. 잎 뒷면에 방패형 포막으로 덮여있고 그 아래 둥근 알처럼 생긴 황색의 포자낭이 모여 달려 있다.
6~7월이 되면 포자낭이 성숙해 그 안에서 고운 밀가루 같은 포자들이 터져 나온다.

5) 병충해가 적다

달팽이 등이 일부 잎을 갉아먹는 경우가 있으나 그 외에는 병충해가 거의 없어 관리가
수월하다.

양치식물의 생활사

1) 포자로 번식하는 양치식물

양치식물은 포자로 번식하는 식물이다. 양치식물의 번식을 위해서는 기본적인 생활사를
이해하고 접근하는 것이 좋다. 양치식물의 잎 뒷면에는 종류마다 각기 다른 방식으로 포
자낭이 모여 달리는데 이 포자낭 안에는 크기가 매우 작은 밀가루 같은 포자들이 가득
차 있다. 우리나라에 자생하는 양치식물은 보통 봄에서 초여름 사이에 포자를 만드는데
포자가 익으면 포자낭이 터지면서 지면으로 포자가 떨어진다. 모체와 떨어진 포자는 일
반적으로 80% 이상의 습도와 24~27℃의 온도 및 최소 200~500 foot-candles(빛의 강도
를 나타내는 단위)의 광을 유지해 주면 발아한다.

　　　포자가 발아를 시작하면 녹색 거품Green Scum 같은 것이 나타난다. 시간이 지나면서
녹색 거품은 전엽체로 발달한다. 전엽체는 보통 심장 모양인데 성숙해지면 난자를 형성
하는 장난기와 정자를 생성하는 장정기를 만든다. 전엽체 주변에 물기가 생기면 정자가
난자로 이동해 수정이 이루어진다. 정자와 난자가 만나 수정하면 어린 포자체로 발달하
고 어린 포자체는 성숙한 포자체로 성장한다.

2) 양치식물의 생태

기온이 한랭한 극지방이나 고산지역보다 난·온대에서 열대지방으로 갈수록 양치식물의

양치식물의 생활사(Foster F. Gordon, 1984. 참조)
성숙한 포자체 → 포자 → 포자 발아 → 어린 전엽체 형성 → 전엽체에서 배우체의 발달(난자를 만드는 장
난기, 정자를 만드는 장정기 형성) → 수정(2n) → 어린 포자체 → 성숙한 포자체

종 다양성은 높아진다. 특히 일 년 내내 강수량이 풍부한 열대 다우림 지역에서는 그 다양성이 최대치로 올라간다. 우리나라에는 약 300여 종의 양치식물이 자생하는데 기후대나 토양 조건 등에 따라 분포하는 종이 달라진다.

고산지역의 숲은 분비나무나 구상나무, 전나무와 같은 침엽수가 우점한다. 침엽수림의 하부에는 구실사리속Selaginella을 비롯해 주저리고사리Dryopteris fragrans (L.) Schott, 만년석송Lycopodium obscurum L., 부시깃고사리Cheilanthes argentea (Gmel.) Kunze, 우드풀Woodsia polystichoides D.C.Eaton, 큰처녀고사리Thelypteris quelpaertensis (Christ) Ching, 진저리고사리Dryopteris maximowiczii (Baker) Kuntze 등이 서식한다. 그 중 주저리고사리와 부시깃고사리, 만년석송 등은 정원 식물로 애용되는데 흔히 분화용이나 암석원용으로 많이 쓰인다.

온대지역의 졸참나무나 신갈나무가 우점하는 낙엽활엽수림에는 청나래고사리속Matteuccia, 관중속Dryopteris, 나도히초미속Polysticum 등 비교적 다양한 양치식물이 서식한다. 이중에서 관중Dryopteris crassirhizoma Nakai, 개면마Onoclea orientalis (Hook.) Hook., 일색고사

부시깃고사리(*Cheilanthes argentea* (Gmel.) Kunze)

일색고사리(*Arachniodes standishii* (T.Moore) Ohwi)

리*Arachniodes standishii* (T.Moore) Ohwi, 골고사리*Asplenium scolopendrium* L., 공작고사리*Adiantum pedatum* L., 나도히초미*Polystichum polyblepharum* (Roem. ex Kunze) C.Presl는 그늘정원에 많이 이용되는 식물이다. 특히 호습식물인 청나래고사리*Matteuccia struthiopteris* (L.) Tod.는 숲 가장자리는 물론 습지원에서도 애용되는 대표종이다.

　　우리나라 남부도서와 제주도 등 난대지역에는 주로 상록성 양치식물이 서식한다. 특히 제주도에는 국내에 자생하는 양치식물 중 약 70% 정도가 분포하고 있으며 그 중에서도 섶섬이나 천지연폭포 및 돈내코 계곡 주변에는 가는쇠고사리속*Arachniodes*을 비롯해 제비꼬리고사리*Thelypteris esquirolii* var. *glabrata* (Christ) K.Iwats., 주름고사리*Diplazium wichurae* (Mett.) Diels, 더부살이고사리*Polystichum lepidocaulon* (Hook.) J.Sm. 등 희귀한 난대 및 아열대성 양치식물이 자생하고 있다. 이곳의 양치식물들은 남부지방에서는 옥외 정원용 지피식물로 이용이 가능하나 중부지방에서는 내한성 때문에 실내에서만 사용할 수 있다.

양치식물의 재배 및 번식

1) 재배

① 광조건
대부분의 양치식물은 음지나 반음지에서 잘 자란다. 음지 중에서도 낙엽수림 하부와 같이 직사광선이 없고 나무 가지 사이로 빛이 걸러져 미약하게 들어오는 그늘Dappled Shade에서 최상의 생육 상태를 유지한다. 양치식물을 재배할 때에는 가급적 햇빛에 노출되지 않도록 유의하고 반음지의 경우 오전에는 햇빛이 들어오고 오후에는 햇빛이 가려지는 곳을 선택하는 것이 좋다.

제주도를 비롯한 남부도서의 난대림, 즉 상록활엽수림 하부에 자라는 난대성 양치식물들은 깊은 음지Deep Shade에서 서식한다. 반대로 식용으로 사용되는 고사리*Pteridium aquilinum* var. *latiusculum* (Desv.) Underw. ex A.Heller를 비롯해 난대지역에 자생하는 점고사리, 별고사리 등은 햇빛이 비치는 양지를 선호한다. 종마다 서식하는 환경이 다르므로 각 종의 자생지 환경을 고려해 식재 조건을 맞춰줄 필요가 있다. 단, 양지에 서식하는 점고사리, 별고사리 등은 대부분 잡초성이므로 이용하지 않는 것이 좋고 정원에서 발견될 경우 바로 제거한다. 참고로 고산성 양치식물 중에는 주저리고사리, 부시깃고사리, 우드풀 등이 양지성이다.

② 습도
양치식물은 공중습도가 높은 곳에서 번성한다. 폭포가 있는 계류 주변부는 공중습도가 높아 양치식물을 재배하기에 좋은 조건이다. 양치식물원을 조성할 때에는 적당한 그늘과 함께 연못이나 계류를 조성해 공중습도를 높여주는 것이 좋다. 신초가 나오는 시기에

습지에 서식하는
속새

습지에 서식하는 왕관고비

건조한 바람이 불거나 성숙한 잎이라도 강한 직사광선에 노출되는 경우는 스프링클러나 안개분수 등을 이용해 습도를 높여주고 식재지 여건이 맞지 않으면 이식을 고려해 보는 것이 좋다. 제때에 대처하지 못하면 잎 끝이 타서 보기가 좋지 않다.

③ **토양**

양치식물은 가벼운 토양, 보습력과 배수력이 뛰어난 토양, 산성토양에서 잘 자란다. 공중 습도가 높은 곳을 좋아하지만 축축하게 항상 젖어 있는 토양 환경에 적응한 종류는 많지 않다. 용토는 잘 발효된 부엽토와 점질이 없는 마사토를 1 : 1로 혼합해 사용하고 부엽토를 구하기 어려울 경우 피트모스로 대체해도 좋다.

　　속새나 왕관고비같이 습지 주변부의 축축한 토양에 서식하는 양치식물도 있다. 속새*Equisetum hyemale* L.는 상록성 양치식물로 일반적인 토양에서도 잘 자라지만 땅 위에서는 수분이 부족해 줄기가 구부정하게 휘는 경향이 있고 물속에서는 길고 곧게 줄기를 뻗어 안정적으로 성장한다. 왕관고비*Osmunda regalis*는 유럽 정원의 습지원에서 많이 쓰는 양치식물로 규모감이 좋고 섬유질의 근경이 굵어지면서 커져 독특한 풍미를 자아낸다.

극히 일부이나 알칼리성 토양에 서식하는 양치식물도 있다. 우리나라 자생종 중에는 금털고사리, 부싯깃고사리, 골고사리, 개부처손 등이 대표적이다.

④ 기타

- 양치식물 재배를 위해서는 정확한 이름(학명)과 내한성을 파악한다. 이름을 알아야 내한성 등의 특성과 재배 방법 등을 찾아 볼 수 있다.
- 한랭한 바람의 피해를 막는다. 겨울철 부는 차고 건조한 바람을 막을 수 있는 곳에 재배지를 조성한다.
- 식재 후 멀칭을 한다. 토양의 보습력을 유지하기 위해 양치식물을 식재하고 난 후 두께 10cm 정도를 우드칩이나 바크 등으로 피복하는 것이 좋다. 특히 침엽수의 우드칩이나 바크는 토양을 산성화시켜 양치식물의 생장에 많은 도움이 된다.

2) 번식

① 포자 채집

활력 있는 포자를 수집하는 것은 양치식물 번식의 성패를 좌우한다. 따라서 무엇보다 먼저 포자의 성숙 시기를 파악하고 적기에 채집하는 것이 중요하다. 우리나라에 자생하는 양치식물의 포자 성숙 시기는 대개 5월 말에서 7월 초 정도다. 미성숙 포자는 연녹색이거나 갈색이며 포자낭은 작고 밀집되어 있는데 포자가 성숙하면 포자낭이 설탕 과립처럼 보이고 흔히 잔털이 생긴다. 색은 미성숙 포자보다 짙고 분홍색, 황색, 주황색 등으로 나타난다. 구분이 어려울 경우 돋보기 등을 이용해 확인하면 포자가 터지는 모습을 관찰할 수 있다.

포자가 터지기 시작하면 포자엽을 채집해 약 3일 정도 그늘에서 말린다(단, 녹색 포자는 예외). 신문지나 넓은 종이 위에 펼쳐두면 따뜻하고 건조한 상태에서 포자는 신속하게 터져 작은 먼지처럼 종이 위에 떨어진다. 포자는 포자낭, 포막 등과 함께 뒤엉켜 있으므로 포자만 골라낸 후 종이봉투 등에 보관한다. 채집 후 습기가 있으면 곰팡이에 오염되기 쉽

전엽체에서 수정 후
어린 포자체가 나오는 모습

고 활력이 떨어지므로 시원하고 건조한 장소에 보관한다.

② 포자 파종

- 파종용토를 준비한다. 용토는 피트모스와 굵은 펄라이트를 부피 1 : 1로 혼합해 사용한다.
- 오염되지 않은 새 화분이나 기존의 화분을 깨끗하게 세척해 준비한다.
- 화분 깊이의 1/3 정도 배수층을 조성한다. 배수층은 굵은 펄라이트나 모래로 채운다.
- 배수층 위로 파종용토를 채운다.
- 용토를 살균한다. 별도의 살균시설이 없을 경우 끓는 물을 용토 위로 부어 살균하면 된다.
- 용토가 식을 때까지 기다렸다가 포자를 뿌린다.
- 끓여서 식힌 물을 스프레이를 이용해 포자 위로 미세하게 뿌려 축축하게 적신 후 유리나 비닐 등을 덮어준다.
- 포자를 뿌린 화분을 좀 더 큰 화분이나 수반 안에 담아 내부 화분 깊이의 1/3 정도 되는 높이까지 물을 채운다.
- 처음 2~3주 동안은 유리나 비닐 위로 차광막이나 신문지를 덮어 광을 차단한다.
- 지속적으로 관찰하면서 물의 수위를 유지하고 전엽체 발생 단계와 어린 포자체 발생 단계에서 각각 이식한다.

③ 배우체 이식

- 이식용토는 포자의 파종용토와 동일하게 조성하고 살균 과정을 거친다.
- 배우체의 이식 시기는 전엽체에서 어린 배우체가 나타나기 시작하는 시점이 좋다. 단, 숙련자는 전엽체가 식별되는 시기에도 이식이 가능하다.
- 배우체를 이식 할 때에는 1~2cm 정도씩 분리하여 이식하고 이식된 배우체는 건조하기 쉬우므로 가볍게 미스트 해준다. 이때 사용하는 물은 미리 끓여서 식힌 것을 이용한다.
- 미스트 후 유리나 비닐 커버를 덮고 어린 배우체가 수정하여 개개의 작고 단단한 포자체로 성장하기를 기다린다.

- 포자체가 어느 정도 자라면 작은 화분이나 삽목 상자에 다시 한 번 이식한다.

④ 포자 활력과 저장

포자의 활력은 종마다 다르지만 발아율을 높이려면 직파하는 것이 가장 좋다. 특히 녹색 포자green spore를 갖는 종류는 포자가 매우 단명하기 때문에 채종 후 몇 시간 이내에 파종해야 한다. 녹색 포자는 2~3일 정도는 살아있지만 최소 10~12시간이 경과하면 활력이 급격히 떨어진다. 자생종 중에서 녹색 포자를 가지는 종류로는 쇠뜨기속, 수염이끼속, 숟갈일엽속, 개면마속, 꿩고사리속, 좀고사리속, 고비속 식물 등이다. 포자를 저장할 때는 4.5℃의 냉장고에서 건조 저장하며 일반적으로 3~5년 정도까지 활력을 유지할 수 있다.

⑤ 포자 증식 시 유의해야 할 사항

- 포자의 수집 시기를 놓치거나 보관상 문제가 있을 때 포자 증식에 실패하는 경우가 많다.
- 조류, 지의류 및 잡초성 양치류에 의해 용토가 오염되어도 포자 증식이 어려워진다. 용토는 반드시 새것을 이용하고 끓인 물 등을 이용해 살균하는 것이 좋다. 배우체가 제대로 나올 때까지 유리나 비닐 등을 덮어 다른 포자가 침입하는 것을 막는 것도 방법이다.
- 포자를 많이 뿌렸을 경우 전엽체가 많아져 질식하거나 전엽체의 이상 현상을 유도한다. 이 경우 장정기는 대량 생성되지만 장난기는 매우 적어 수정된 배우체가 미미하게 출현한다. 포자를 뿌릴 때는 포자를 종이 위에 올려놓고 손가락으로 가볍게 톡톡 치면서 고르게 뿌리도록 유의한다.
- 병원성 곰팡이나 박테리아에 감염되기도 한다.

양치식물원 조성

1) 식재 디자인과 조성

양치식물원을 조성할 때는 양치식물의 생태적 특성을 이해해야 한다. 겨울에 부는 차고 건조한 북서풍을 막아주고 적당한 그늘과 공중습도가 유지되도록 한다. 공간적 여유가 있다면 연못이나 계류를 함께 조성하는 것도 좋다. 중정과 같이 협소한 곳은 미스트를 설치하는 것도 방법이다. 주변보다 지형이 낮은 곳은 바람을 막고 습도를 높여줘 양치식물을 식재하기에 적합하다. 아늑한 분위기와 더불어 전시 공간을 눈높이로 올려주는 장점도 있다. 단, 하루 종일 햇빛을 거의 볼 수 없는 깊은 음지에서는 생육이 가능한 종이 제한적이므로 유의한다.

대부분의 양치식물은 보습력과 배수력이 좋은 토양을 좋아한다. 더불어 적당한 유기물도 필요하다. 사질양토에 부엽토를 혼합해 쓰는 것이 좋으나 사질양토를 구하기 어려우면 시중에 판매하는 원예용 용토를 그대로 이용하기도 한다. 마사토와 피트모스를 1 : 1로 혼합해 쓰는 것도 방법이다. 일부 종을 제외하면 대부분 산성 토양을 선호하므로 침엽수의 잎이나 바크 등을 지속적으로 멀칭해 주는 것이 좋다.

국내에 자생하는 양치식물은 약 300여 종, 거기에 최근 외국에서 수입되어 재배되는 종까지 합하면 500여 종이 넘는다. 그러나 양치식물에 대한 전문가가 부족하고 정원가들조차도 양치식물을 동정identification하고 재배하는 요령을 알지 못하는 경우가 많다. 농가에서 재배·유통되는 종류가 드물어 활용성에 대한 고민과 시도가 시급하다.

하지만 정원의 현실은 계속해서 양치식물과 같은 그늘식물을 요구한다. 대부분의 정원이나 공원에는 다양한 나무들이 식재되어 있고 나무는 계속해서 커지고 울창해져 그늘을 확장시켜 나간다. 더욱이 그늘에 대한 선호도가 높은 우리나라 정원에서 양치식물은 필수적인 소재가 될 수밖에 없다.

그늘정원에서 양치식물이 갖는 가치는 독보적이다. 작은 우편들이 깃털처럼 잘게 나누어진 형태는 배경이 되는 공간을 무수하게 쪼개 다른 어떤 식물보다도 부드러운 질감을 표현해낸다. 넓은 잎을 가진 식물이 많은 그늘정원에서 양치식물의 잎은 좋은 대비를 이룬다. 숙근초 사이에 혼식하거나 규모가 있는 군락으로 배경에 심어놓으면 정원 전체에 자연스러움이 묻어난다.

양치식물원을 조성할 때는 양치식물과 꽃이 좋은 그늘식물을 함께 혼식하는 것이 좋다. 전문 식물원의 경우도 양치식물의 종다양성을 확보하는 것에 그치지 말고 음지나 반음지에 서식하는 색감이 좋은 초화를 혼식해 계절감을 주고 경관의 다양성을 유도하는 것이 좋다. 단, 식물을 혼식할 때는 다음의 두 가지를 고려한다.

첫째, 이른 봄에 생장하는 음지성 초본류를 배식한다. 이른 봄에 나오는 대표적인

양치식물이 돋아날 때 먼저 나온 바람꽃속(*Anemone*)식물이
무리지어 은은하게 받쳐주고 있다.

식물로는 바람꽃속*Anemone*, 복수초속*Adonis*, 노루귀속*Hepatica* 등이 있다. 이들은 양치식물
과 교목의 잎이 나오기 전에 숲을 봄꽃으로 가득 채워준다. 4~5월이 되어 양치식물의 새
순이 돋아날 때는 양치식물과 대비되는 작고 보드라운 잎을 무리지어 양치식물을 받쳐
준다. 6월 이후에는 휴면에 들어가 땅속의 지하경만 살아남고 지상부는 흔적도 없이 사
라진다. 이 시기에는 양치식물의 잎이 무성해져 초본류의 휴면으로 생기는 빈 공간이 채
워진다.

　　둘째, 늦가을까지 형태가 남아있는 천남성속*Arisaema*, 옥잠화속*Hosta*, 수국속*Hydrenges*
등을 함께 식재한다. 이들은 일반적으로 4월 이후 양치식물과 비슷한 시기에 잎이 나오
며 잎이 크거나 둥근 형태로 꽃이 피지 않는 시기에도 그 형태와 질감이 양치식물과 대
비를 이루어 서로를 더욱 돋보이게 한다. 이들은 이른 봄에 생장하는 식물보다 크기가
크고 오랫동안 형태가 남아있어 대형 양치식물과 함께 정원의 하층 골격을 이루는 역할
까지 담당한다.

　　특히 천남성속 식물은 잎이 크고 육감적인 질감을 가지고 있어 양치식물과 궁합이
좋다. 천남성속 식물의 꽃은 화려하지는 않지만 불염포와 꼬리가 있는 범상치 않은 꽃이
피며 특히 그늘정원의 하층에서 가장 취약한 가을에 붉은색 열매가 달려 인상적이다. 또
한 산수국을 비롯한 그 품종들은 여름철에 꽃을 피워 그늘정원에 생기를 불어 넣는다.

2) 주요 식물

비교적 대형(높이 0.5~1m)으로 근경이 짧고 잎은 돌려나서 소철처럼 단아한 형태를 이루는 종류의 양치식물들이 있다. 대표적인 종류로 청나래고사리, 관중, 개면마, 나도히초미 등이다. 이들은 그늘정원에서 늦가을까지 형태가 유지되는 음지성 초본식물들과 더불어 정원의 중요한 경관 요소로 활용되며 근경이 다소 길어 형태가 비교적 자유스러운 소형의 양치식물과도 잘 어울린다.

잎이 갈라지지 않는 양치식물도 있다. 골고사리와 일엽초속*Lepisorus* 식물이 대표적이다. 또 잎에 흰 무늬가 있는 무늬개고사리도 디자인적으로 유용하게 쓰인다.

양치식물 중에는 바위나 나무에 붙어 자라는 착생식물들이 많다. 석위속*Pyrrosia*, 일엽초속*Lepisorus*, 넉줄고사리속*Davallia*, 미역고사리속*Polypodium*, 콩짜개덩굴속*Lemmaphyllum* 등이 여기에 해당한다. 착생하는 양치식물을 이용하면 정원의 자연성이 짙어지고 수직정원의 느낌이 연출되어 공간이 풍성해진다.

드물긴 하지만 양치식물 중에는 습지나 물가에서 자라는 종류도 있다. 속새는 습지 물속에 사는 몇 안 되는 양치식물 중의 하나다. 잎은 퇴화되어 흔적만 있고 곧은 줄기는 겨울철에도 푸르러 정원에서 이용 가치가 크다. 선형으로 곧게 뻗은 줄기가 모여 난 모습이 매력적이어서 많은 정원가들이 애용한다. 중부지방의 습지에 자생하는 느리미고사리와 유럽 정원의 연못 주변에 많이 전시하는 왕관고비, 청나래고사리, 개면마 등도 유용하다.

세뿔석위

속새, 앤써니 폴(Anthony Paul) 작품

나도히초미

천남성과 일색고사리

돌담고사리

04.

만병초원

Rhododendron Garden

국내에서 재배되는 정원 식물은 수천 종에 이른다. 그러나 동절기가 비교적 긴 우리나라에서 겨울 정원에 좋은 식물은 아직까지도 부족하다. 외국의 겨울 정원Winter Garden 개념을 도입해 정원을 꾸미기도 하지만 이는 극히 일부의 이야기이고 여전히 많은 정원에서 겨울은 다소 황량하고 쓸쓸한 느낌을 지울 수 없다.

그 때문인지 우리나라 사람들은 상록교목을 선호하는 듯하다. 정원에서 소나무를 많이 이용하는 이유도 겨울철 볼거리를 제공하기 위함이 크다. 더욱이 기후적 요인으로 인해 대부분의 상록교목들이 제주를 비롯한 남부지역에서만 월동이 가능해 상록수에 대한 선호도는 더욱 높아진다.

그러나 상록교목이 중심이 되는 정원은 바꿔 생각해보면 다른 계절에 대한 배려가 부족한 정원일 수 있다. 상록교목은 정원을 일 년 내내 변화감이 거의 없는 일률적인 공간으로 만들고 짙은 그늘은 하부식생을 단순하게 바꾸어 풍성한 계절감과 다양한 볼거리를 빼앗아 버린다.

반대로 낙엽교목이 중심이 되는 정원을 떠올려보자. 하층의 식생은 더욱 풍성해지고 수시로 계절의 변화를 느낄 수 있게 된다. 겨울철이 다소 허전하다면 상록관목을 이용할 수 있다. 제 수형을 유지하며 성장한 상록관목은 낙엽수림의 하부에서 단단하게 정원의 골격을 잡아준다. 단, 이때 사용되는 관목은 첫째, 내한성이 뛰어나야 하고 둘째, 그

평강식물원의 만병초원

늘에서 어느 정도 적응력이 있어야 하며 셋째, 꽃과 잎이 아름다워야 한다. 대표적으로 진달래과 식물을 들 수 있는데 국내에서는 마취목으로 불리는 피에리스속*Pieris*, 다소 생소하지만 일부 마니아층 사이에서 인기가 있는 칼미아속*Kalmia*, 그리고 최근 각광받고 있는 만병초속*Rhododendron* 등이 있다.

만병초

진달래과의 로도덴드론속*Rhododendron* 식물은 꽃이 아름답고 관목류가 발달해 있어 세계적으로 사랑받는 정원 식물이다. 우리에게도 익숙한 진달래, 철쭉이 모두 이 속에 해

만병초 '그레이스씨브룩'
(*Rhododendron* 'Grace Seabrook')

만병초 재배농장의
겨울 풍경

당한다. 만병초라고 통칭하는 식물 집단은 로도덴드론속 식물 중에서도 상록성에 해당하는 식물군으로 중국과 네팔, 인도에 이르는 히말라야의 고산지대에 집중적으로 자생한다. 우리나라에는 만병초*Rhododendron brachycarpum* D.Don ex G.Don, 홍만병초*Rhododendron brachycarpum* var. *roseum* Koidz., 노랑만병초*Rhododendron aureum* Georgi 등 3종과 꼬리진달래 *Rhododendron micranthum* Turcz.가 있으며 최근 미기록종이 추가로 발견되기도 했다.

만병초는 대부분 키 작은 관목이지만 종류에 따라서는 10~20m 이상 되는 교목성이 있는가 하면 10년을 키워도 1m를 넘지 않는 왜성종도 있다. 개화기는 주로 4~5월이지만 품종에 따라 이른 봄부터 초여름까지 개화 시기도 다양하다. 상록수이면서도 내한성이 강해 겨울철이 긴 온대지역에서는 활용도가 높다.

1) 내한성이 강한 상록관목

만병초는 상록성이면서도 내한성이 강하다. 특히 울릉도, 지리산 등지에 자생하는 만병초*Rhododendron brachycarpum*와 컨츄리오브욕Country of York, 로제움엘레강스Roseum Elegans, 피제이엠PJM 등의 품종은 영하 30도에서도 적응력이 뛰어나 경기 북부 및 강원지역에서도 무난하게 월동하는 식물들이다.

2) 꽃이 좋은 화목류

만병초는 대표적인 화목류다. 꽃은 주로 봄철에 피고 5월에 절정을 이룬다. 개화기가 되면 크고 선명한 색감의 꽃이 수관을 뒤덮어 말 그대로 꽃밭을 이룬다. 다양한 품종이 개발되어 있어 흰색, 노란색, 분홍색, 자색, 붉은색 및 이들이 혼합해 나올 수 있는 거의 모든 색의 꽃이 개량되어 있다. 상록수에서는 보기 힘든 크고 화려한 꽃은 짙은 잎을 배경으로 더욱 선명하게 도드라진다.

3) 반그늘에서도 잘 자라는 식물

우리가 흔히 사용하는 대부분의 관목들은 양지성인 경우가 많다. 그러나 만병초는 반그늘에서 생육이 좋아 활용도가 높다. 물론 품종에 따라 해가 그대로 들어오는 양지에서부터 낙엽수 하층의 반그늘까지 서식 범위가 넓지만 대부분 반그늘에서 무난하게 생육한다.

4) 성장하는 속도와 수형이 천차만별

만병초는 그 종류가 다양한 만큼 성장하는 속도와 수형이 가지각색이다. 초기 유럽의

다양한 만병초 품종의 꽃

영국 위슬리 가든, 낙엽교목 아래의 만병초 식재　　　　야쿠시마만병초(*Rhododendron yakushimanum*)

정원에서는 크게 자라는 종을 선호했는데 유럽의 유일한 자생 만병초인 폰티쿰만병초 *Rhododendron ponticum*가 대형종이기도 하고 커다란 나무에 꽃이 가득 피어 있는 모습은 사람들에게 충분히 매혹적이었을 것이다. 그러나 크게 자라는 나무는 관리의 문제가 있고 특히 주택정원과 같은 소규모 정원에서는 재배의 한계가 있어 점차 왜성종이나 왜성종과 교배된 품종을 선호하게 되었다. 특히 대표적인 왜성만병초인 일본의 야쿠시마만병초 *Rhododendron yakushimanum*가 미국과 유럽에 소개되면서 야쿠시마만병초와 교배된 품종들이 다양하게 생산되기 시작했다.

5) 다양한 품종

만병초는 유럽 등지에서 200년이 넘게 사랑받아온 식물이다. 그만큼 다양한 품종이 개발되어 전 세계 원예시장에서 유통되고 있다. 품종이 다양하다는 것은 선택의 폭이 넓고 그 쓰임새가 많다는 뜻이므로 정원을 가꾸는 사람들에게는 기분 좋은 일이다. 현재 25,000종 이상의 품종들이 개발되어 있지만 국내에 도입된 식물들은 약 100여 종 정도다.

만병초원 조성

우리나라에 만병초가 도입되기 시작한 것은 대략 1970년대부터다. 당시 천리포수목원을 비롯해 전문 식물원과 일부 만병초의 매력에 빠져있던 마니아층을 중심으로 외국의 품종들이 수입되기 시작했다. 그러나 많은 경우 재배에 실패했고 천리포수목원이 그 당시의 품종 중 일부를 보유하고 있는 정도다.

국내에서 만병초는 재배하기가 까다롭고 어려운 식물로 알려져 있다. 초기 도입자들이 대다수 실패를 경험했던 까닭에 많은 사람들이 만병초는 뭔가 특별한 식물처럼 생각하는 경향이 있다. 물론 일반적인 정원 식물에 비해 좀 더 신경을 써야하는 부분이 있지만 몇 가지 유의사항 정도만 잘 지켜주면 누구나 이용할 수 있는 식물이다.

만병초원을 조성하고자 한다면 먼저 구입이 가능한 만병초를 확인해야 한다. 만병초는 품종이 다양하고 품종마다 재배 환경이나 특징이 달라 정확한 학명을 알고 특성을 파악한 후 계획을 세우는 것이 좋다. 종종 품종명이나 학명이 표기되지 않은 상태로 판매되는 만병초들이 있는데 이 경우 식물의 특징을 파악하지 못해 재배에 실패할 확률이 높다.

특히 내한성은 반드시 확인해 두어야 한다. 대부분의 만병초가 내한성이 뛰어난 편이지만 품종이 다양한 만큼 내한성도 조금씩 다르다. 조성 위치의 겨울철 최저기온을 확인하고 적응 가능한 식물을 구입해야 한다. 학명이나 품종명을 알고 있으면 간단한 인터넷 검색만으로 쉽게 내한성을 찾아 볼 수 있으므로 만병초원을 조성하고자 하는 지역의 기온과 식물의 내한성을 비교해 볼 수 있다.

1) 입지 선정

만병초원을 조성하기 위해서는 먼저 적합한 부지를 찾아야 한다. 만약 조성하고자 하는 위치가 만병초를 재배하기에 적당하지 않다면 환경을 개선하거나 위치를 바꾸는 것도 고려할 일이다. 정원 디자인에서 가장 중요한 것은 식물이 잘 살 수 있는 생육 환경을 조성하는 일이기 때문이다.

표1. 만병초의 품종별 내한성

구분	최저기온	만병초 품종
제주도~남부	-5℃~-10℃	대부분의 만병초 품종 재배 가능
중부이남 저지대	-15℃~-20℃	폰티약(R. 'Pontiyak'), 그레이스씨부룩(R. 'Grace Seabrook'), 티아나(R. 'Tiana') 등
중부 산악지대	-25℃~-30℃	만병초(R. brachycarpum), 피제이엠(R. 'PJM'), 컨츄리오브욕(R. 'Country of York'), 로제움엘레강스(R. 'Roseum Elegans'), 야쿠시마만병초(R. yakushimanum) 등

낙엽수 하층 반음지에 식재된 만병초

만병초가 좋아하는 입지

• 동절기 차고 건조한 북서풍을 피할 수 있는 곳
• 간벌이 잘된 침엽수림이나 낙엽수림, 낙엽수가 식재된 가장자리
• 오전 중에 직사광선이 잘 들고 여름 한낮의 강한 햇빛을 막을 수 있는 곳
• 계곡의 사면이나 주변에 연못이 있어 공중습도가 높은 곳

위치를 고를 때는 제일 먼저 겨울철 불어오는 차고 건조한 북서풍을 효율적으로 차단할 수 있는지를 검토한다. 만병초의 경우 겨울철 북서풍에 의한 피해를 입을 수 있으므로 건물이나 숲 등으로 바람이 차단되는 공간을 이용하는 것이 좋다. 만약 계획 부지가 북서측으로 열려있는 곳이라면 수벽을 조성하거나 큰 나무를 모아 심는 것도 방법이다. 또한 부지가 넓은 경우 연못이나 습지를 함께 배치하면 원 내부의 공중습도를 높이는 효과를 가져 올 수 있다.

만병초는 대부분 반음지를 선호한다. 적당한 그늘과 공중습도가 유지되는 곳에서 원활한 생육이 이루어진다. 지나친 음지의 경우Full Shade 식물체가 웃자라거나 꽃이 피지 않고 병충해에 대한 내성이 약해지는 문제가 생길 수 있고 직사광선이 내리쬐는 양지의 경우 잎이 타거나 심하면 생육에 큰 장해를 초래하기도 한다. 오전에 햇빛이 들어오는 동사면이나 북서측이 막힌 반음지가 적당한데 일반적으로 낙엽수를 식재한 가장자리나 간벌이 잘된 침엽수림 하층부에 식재하면 좋다.

2) 토양

만병초는 아래로 굵게 뻗는 직근이 없고 잔뿌리가 발달하는 천근성 식물이다. 대부분의 진달래과 식물은 이와 유사한 특징을 보이며 배수가 불량한 토양에서는 고사되기 쉽고 보습력이 없는 경우는 건조 해를 입을 수 있다. 따라서 배수력과 동시에 보습력이 유지되는 토양이 필요하다. 그러나 배수와 보습은 상반되는 개념으로 이를 동시에 충족시키는 것은 쉽지 않은 일이다.

유묘 식재 후 우드칩을 이용해 멀칭

만병초 식재용토는 부엽토와 마사(펄라이트), 피트모스를 1 : 2 : 1의 비율로 혼합해 사용한다. 부엽토는 오래된 숲 하층부에 있는 낙엽이 잘 발효되어 형성되는 토양 형태로 가볍고 배수가 뛰어나면서 동시에 보습력이 좋은 특징이 있다. 원활한 배수를 위해서 우수 계획을 수립하고 가급적 식재지를 주변 토양보다 높게 조성한다. 토양은 전면적으로 개량하는 것이 좋으나 비용 등을 고려해 만병초 식재 구덩이 주변으로만 개량하기도 한다. 이 경우 최소 만병초 뿌리분 크기의 2~3배 이상의 용토를 교체해야 한다.

만병초는 산성 토양을 선호하는 관목으로 PH 4~6 정도가 적당하다. 그러나 중성에 가까운 토양에서도 만병초가 좋아하는 토양의 물리적 성질을 갖춰준다면 큰 문제없이 생육한다. 만약 토양의 산성도를 높이려면 용토에 토탄을 적당량 혼합해 사용하거나 중성화되지 않은 피트모스를 이용하면 좋다. 침엽수의 잎이나 바크를 이용해 멀칭하는 것도 좋은 방법이다. 멀칭은 수목 식재 후 토양 위로 두께 약 7~10cm 정도로 피복하며 2년 정도의 주기로 반복한다. 정기적인 멀칭은 토양 속으로 부엽토를 공급하는 효과가 있고 잡초를 억제하며 토양 표면이 건조해지는 것을 막아준다. 특히 겨울철 건조 해를 방지하고 여름에는 강한 복사열로부터 표토의 온도가 상승하는 것을 막아 만병초 생육에 큰 도움이 된다.

3) 식재 디자인

만병초원 역시 만병초와 조화를 이루는 식물들을 고려해야 한다. 만병초의 아름다움이 부각되면서도 함께 어우러져 더욱 풍성해지는 식물들을 선정해 배식하는 것이 중요하다. 선이 고운 낙엽교목은 만병초가 안정적으로 생육할 수 있도록 적당한 그늘을 만들어 주고 둥근 만병초의 수형과 대비를 이루며 공간의 깊이를 만들어낸다. 하층부에는 유사한 토양 환경의 음지 또는 반음지성 초화 중 계절성과 식물 간의 조화를 고려해 식물을 선정한다.

① 만병초의 형태적 특성을 고려한다

정원에 만병초를 심을 때는 만병초의 형태적 특성을 고려해야 한다. 식물 저마다의 고유한 특성, 예를 들어 전체적인 수형이나 자라는 속도, 잎의 모양이나 크기, 질감, 꽃의 모양과 꽃이 피는 시기, 색깔 등을 하나하나 따져보아야 한다. 또 함께 심는 주변 식물과 어떤 관계를 맺게 되는지 다른 식물과의 형태적 어울림은 어떠한지 계절마다 어떤 변화를 보

만병초와 함께 청나래고사리를 식재했다.
양치식물은 만병초와 서식 환경이 유사하고 형태와 질감은 대비되어 혼식하기 좋은 소재다.

이는지 등도 생각해야 한다. 정원은 시시각각 변화하고 서로 관계맺음을 하는 생명체를 다루는 일임을 늘 인지하고 그 변화와 질서를 세심하게 관찰해 조절할 수 있어야 한다.

가. 내한성이 강한 상록관목

우리나라의 중부지방은 겨울이 길고 유난히 춥다. 이러한 기후 조건에서 살아갈 수 있는 상록활엽수는 매우 드물다. 남부수종이지만 비교적 내한성이 강한 사철나무와 회양목

표2. 만병초원에 함께 식재할 수 있는 식물

구분		내용
교목	종류	단풍나무류, 산딸나무류, 노각나무, 팥배나무 외
	생태적 특징	뿌리가 깊게 내리고 천천히 자라는 식물
	심미적 특징	자연형인 부정형의 수형을 갖는 식물 / 다간(multi-stem)의 줄기를 갖는 식물 꽃, 열매, 단풍 등이 아름다운 식물 / 수피가 아름다운 식물 가지선이 가늘고 섬세한 식물 / 전정에 강한 식물
관목과 초본	종류	산수국, 풍지초속(Hakonechloa), 앵초속(Primula), 비비추속(Hosta), 양치식물(Fern) 외
	생태적 특징	반음지에서 잘 자라고 산성 토양에 적당한 식물
	심미적 특징	꽃차례의 선이 강조되는 식물 / 선형의 그라스류(Grass) 질감과 색감이 부드러운 식물 / 만병초와 개화기가 다른 식물

만병초는 상록성이면서도 내한성이 뛰어나
온대지역에서 유용하게 쓰일 수 있다.

만병초의 꽃(*Rhododendron* 'Solidarity')

그리고 일부 철쭉 품종 정도가 고작이다. 만병초는 상록관목이면서 내한성이 뛰어나 그 쓰임새가 다양하다. 우리나라 중부지방에서도 상록으로 월동이 가능한 품종이 많고 반 그늘부터 양지에 이르기까지 식재 범위도 넓다.

나. 크고 화려한 꽃

만병초는 온대 정원 식물 중에서 유난히 꽃이 크고 화려하다. 꽃은 하나의 총상화서에 여러 개가 모여 피는데 그 크기가 무려 20~30cm에 이른다. 꽃이 만개하면 무성한 잎이 보이지 않을 정도로 나무를 완전히 덮어 흐드러지게 핀다. 꽃 색은 백색, 자색, 적색, 황색을 기본으로 이들을 혼합해 나올 수 있는 거의 모든 조합의 색을 가지고 있다. 꽃은 대개 봄에 피는데 지역에 따라 조금씩 다르긴 하지만 제주의 경우 3월 말부터 6월 초까지 다양한 만병초 품종의 꽃을 볼 수 있다. 각 품종의 개화기는 대략 2~3주 정도지만 여러 종을 모아 전시할 경우 오랫동안 꽃을 볼 수 있다.

다. 왜성화되고 있는 수형

만병초 재배 역사의 초창기에는 키가 큰 교목성 만병초를 선호했다. 그러나 큰 나무는

만병초의 수형(*Rhododendron* 'Pontiyak')

관리의 문제가 있고 정원과 사람의 스케일을 벗어나는 경우가 많아 오랜 육종 과정에서 점차 왜성화 되어 왔다. 특히 일본에 자생하는 야쿠시마만병초의 영향으로 현재 유통되고 있는 대부분의 품종들은 10년을 기준으로 키 1~1.5m 정도 성장한다. 수형은 둥근형이거나 타원형이며 반원상으로 낮게 자라는 종류도 있다. 이러한 수형은 교목 아래 받쳐 심거나 관목과 숙근초가 어우러지는 화단의 정원 소재로 유용하다.

라. 다양한 잎과 신초

만병초는 품종에 따라 잎도 다양하다. 잎의 크기, 모양, 색, 질감이 제각각이고 봄에 나오는 새잎의 모습은 제2의 꽃이라 불러도 손색이 없다. 중국의 고산지대에 분포하는 임페디텀만병초*Rhododendron impeditum*는 잎의 크기가 1cm가 채 안되지만 열대 만병초 중 미얀마에 자라는 시노그란데만병초*Rhododendron sinograndе*는 90~100cm가 넘는다. 또 피제이엠*Rhododendron* 'PJM'은 녹색의 잎이 겨울철이 되면 황동색으로 바뀌고 만병초 중에서는

만병초의 잎(*Rhododendron yakushimanum* cv.)

Rhododendron macrosepalum 'linearifolium'

Rhododendron 'Hallelujah'

Rhododendron 'Mardi Gras'

귀하게 잎에 향이 나기도 한다. 야쿠시마만병초*Rhododendron yakushimanum*의 경우는 새순이 회녹색 털로 뒤덮여 나고 잎 뒷면은 조밀한 갈색 털로 쌓여 있어 더욱 매력적이다. 잎과 꽃잎이 모두 선형으로 가늘게 나오는 리니어폴리움*Rhododendron macrosepalum* `Linearfolium` 품종도 있다.

② 주의사항

가. 근거리에 심지 않는다

만병초의 수형은 대부분 가지가 촘촘히 나고 전체적으로 구형을 이룬다. 더욱이 상록성으로 잎이 두툼하고 색채가 짙어 정원을 압도하는 강렬한 힘을 지닌다. 이렇게 강한 성격의 식물들은 근거리에 심을 경우 단조롭거나 다소 무겁고 경직된 분위기를 자아낼 수 있으므로 가급적 아껴서 쓰는 것이 중요하다.

나. 군식하지 않는다

우리는 관목을 이용할 때 흔히 모아 심는다. 수벽이나 울타리용으로 특별한 목적을 가지고 사용하는 경우가 아니더라도 관목을 모아서 획일적으로 전정하는 경우가 많다. 이 경우 관목 고유의 수형과 아름다움은 전체 집단의 단순한 형태 안으로 갇혀 상실된다.

적정한 식재 간격을 유지해 제 형태를 갖추고 성장한 관목은 생각보다 큰 힘을 발휘한다. 특히 작은 정원의 경우 큰 나무는 수관을 보는 정도의 역할을 할 뿐 사람의 시선에서 정원의 골격을 형성하는 것은 대부분 관목들이다. 만병초 역시 키는 작지만 다간의 가지와 둥근 형태가 지니는 볼륨감이 좋기 때문에 무리해서 여러 주를 구입해 모아 심는 것보다는 수형을 잘 갖추고 있는 성목 한 주를 심는 것이 더 효과적일 때가 많다.

다. 가급적 동일종을 식재하지 않는다

여러 주의 만병초를 식재할 경우 동일종을 반복적으로 심지 않도록 한다. 똑같은 종을 식재하면 경관이 단조롭고 꽃의 색과 꽃이 피는 시기가 같아 만병초의 다양한 매력을 느끼기 어렵다. 수형, 잎의 모양, 꽃이 피는 시기 등을 고려해 오랜 기간 동안 만병초가 주는 기쁨을 만끽할 수 있도록 계획하면 좋다.

특히 만병초의 꽃은 가장 큰 볼거리이므로 이른 봄부터 초여름까지 개화 시기를 조절해 배식 계획을 수립한다. 이른 봄에는 피제이엠*Rhododendron* `PJM`이 좋고 4~5월에는 선택의 폭이 넓어 다양하게 이용할 수 있다. 늦봄에는 옐로우쓰로트*Rhododendron ponticum* `Yellow Throat`, 초여름에는 알라딘*Rhododendron* `Aladdin`이 개화한다.

Rhododendron 'Hallelujah' 개화기 전경.
한 그루의 만병초가 둥근 수형과 강한 색감으로
주변을 압도한다.

Rhododendron 'PJM'
3월 말~4월 초 개화

Rhododendron ponticum
5월 말 개화

라. 강한 색채가 반복되지 않도록 배식한다

만병초는 꽃이 크고 화려하다. 개화기에 만병초는 정원의 그 어떤 식물보다도 사람의 시선을 잡아끈다. 그러나 이렇게 크고 화려한 꽃이 같은 색채로, 특히 강한 붉은 색이나 선명한 자색 등으로 가득하다면 정원은 어떻게 될까. 흰색이나 파스텔 톤의 은은한 색채의 경우는 그 양이 많아져도 분위기가 안정되고 다른 식물과의 조화가 뛰어나지만 붉은 색과 같은 경우 지나치게 화려하고 들떠있어 경관의 중심을 잃게 된다. 품종을 선정할 때는 개화 시기와 색을 확인하고 구입한 식물 중 붉은 계열의 만병초가 같은 시기에 꽃을 피운다면 가급적 거리를 두어 배식하도록 한다.

영국 위슬리 가든의
만병초 재배지

만병초 재배농장 전경

만병초원 관리

정원에서 만병초가 죽는 이유는 뭘까. 만병초를 죽음으로 몰고 간 우리의 잘못된 상식이나 실수는 어떤 것이었을까. 그 사례를 뒤집어 보면 만병초를 잘 키울 수 있는 해답도 찾을 수 있다.

1) 만병초가 죽는 10가지 이유

① 식물의 이름과 특성을 모를 때

우리는 상록성의 로도덴드론속*Rhododendron* 식물을 만병초라고 통칭해 부른다. 그러나 만병초라고 불리는 이 식물군은 전 세계에 수백 종이 자생하고 있으며 거기에서 선발되거나 교배된 품종을 합하면 그 수는 어마어마해진다. 이 많은 식물들은 제각각의 특징을 지니며 꽃과 형태뿐만 아니라 생육과 긴밀한 내한성 또한 모두 다르다. 많은 경우 만병초의 내한성을 알지 못해 겨울철에 얼어 죽게 만든다.

식물의 정확한 특성을 알기 위해서는 무엇보다도 정확한 이름, 즉 학명이 필요하다. 학명을 알면 의외로 많은 정보를 얻을 수 있다. 만병초를 구입할 때는 반드시 학명 또는 정확한 품종명을 기입해서 판매하는 업체를 이용하고 사전에 특성을 파악해 내 정원 환경과 맞는 품종을 선발하거나 구입하고자 하는 품종의 특성에 맞도록 정원 환경을 개선해야 한다.

② 만병초가 싫어하는 토양에 심었을 때

우리나라의 토양은 주로 점질토(진흙) 혹은 마사토다. 일반적으로 점질토는 배수가 되지 않아 식물의 뿌리를 썩게 하고, 마사토는 지나친 물빠짐으로 식물에게 건조해를 입힌다. 식물을 심을 때는 적절한 토양 조건을 갖추는 것이 중요하며 만약 내한성을 따져서 만병초를 심었는데도 만병초의 상태가 좋지 않다면 식재 토양을 의심해 보아야 한다. 일반적으로 만병초는 가벼운 토양, 배수력이 뛰어나면서도 보습력이 유지되는 토양, 약간의 산성 토양을 선호한다.

③ 차고 건조한 바람에 노출될 때

겨울과 이른 봄에 부는 차고 건조한 북서풍은 만병초에게 몹시 해롭다. 내한성이 뛰어난 품종도 지속적으로 차고 건조한 바람에 노출되면 큰 해를 입을 수 있다. 가급적 북서쪽이 차단된 공간에 식재하는 것이 좋고 만약 식재지가 북서쪽으로 열려 있다면 인위적인 방법으로 바람을 막아주는 것이 좋다. 주변에 연못이나 계류가 있다면 공중습도를 높일 수 있어 더욱 좋다.

④ 깊게 심었을 때
만병초와 같은 진달래과 식물들은 뿌리가 가늘다. 때문에 조금만 물이 고여 있어도 쉽게 썩을 수 있다. 나무를 깊게 심거나 주변보다 낮은 땅에 심을 경우 장마철과 같이 비가 많이 오는 시기에 물이 고이기 쉬워 뿌리가 금방 부패하기 시작한다. 나무를 심을 때는 가급적 주변보다 높은 곳에 심거나 물빠짐이 잘 되도록 기반을 조성한 후 식재한다. 뿌리분의 윗면은 지면과 비슷하거나 살짝 높게 해 뿌리가 깊게 심기지 않도록 유의한다.

⑤ 과식했을 때
만병초는 비료 요구도가 매우 적은 식물이다. 지나치게 유기질 비료를 과용하면 큰 문제가 될 수 있다. 2년 정도의 주기로 바크나 우드칩을 멀칭해주고 이른 봄에 극소량의 유기질 비료를 시비하는 정도면 충분하다.

⑥ 영양실조, 결핍했을 때
일반 정원에서는 거의 볼 수 없지만 종종 화분에 키울 때 나타나는 현상이다. 특히 토양을 개량하지 않고 마사에만 식재하였을 경우 이런 문제가 발생한다. 또 토양 PH가 높으면 토양 내 마그네슘$_{Mg}$, 칼슘$_{Ca}$이 풍부한데도 황백화 현상이 유발된다. 이때에는 토양 PH를 4~6으로 낮춰주면 좋은데 용토를 개량할 때는 토탄을 혼합해 사용한다.

⑦ 독성물질에 영향이 있을 때
호두나무 아래에 식재하는 경우 호두나무 뿌리에서 만병초에 유해한 독성물질을 유발하는 것으로 알려져 있다. 가급적 호두나무 아래에는 만병초를 심지 않는다.

⑧ 과도한 햇빛에 노출됐을 때

품종에 따라 다르기는 하지만 대부분의 만병초는 반그늘에서 생육 상태가 좋다. 야쿠시마만병초*Rhododendron yakushimanum*와 같이 햇빛에 강한 종도 있지만 많은 경우 낙엽수 아래와 같은 반그늘을 선호한다. 강한 햇빛은 새순을 타게 하고 공중습도를 낮춰 나무에게 스트레스를 준다. 그러나 유묘일 경우는 멀칭을 해서 토양 온도를 낮춰 주고 미스트를 적절히 이용하면 양지에서 충분히 재배가 가능하다.

⑨ 동절기에 지나치게 물을 주었을 때

나무가 휴면을 하는 동절기에는 나무의 수분 요구도가 매우 낮다. 외부 정원의 경우는 무관하지만 화분에 식재된 만병초의 경우 자주 물을 주게 되면 과습으로 인해 만병초의 뿌리가 썩을 수 있다. 동절기에 화분에 물을 줄 때는 상태를 살피면서 주되 평균적으로 1주일에 1회 정도면 충분하다.

⑩ 병충이 침입했을 때

나무를 가깝게 식재할 경우 곰팡이 병이 발생할 수 있다. 가급적 나무와 나무 사이에 간격을 충분히 두어 통풍이 잘되도록 하고 나무의 수형도 안정적으로 성장하게 유도한다. 여름철을 전후해서는 살충제와 살균제를 혼합해 방제한다. 만병초는 굼벵이 피해도 자주 본다. 굼벵이는 남부지방일수록 많아지는데 만병초를 비롯해 진달래과 식물의 가는 뿌리를 좋아한다. 발견 즉시 토양살충제 등을 이용해 처리해야 하며 방치할 경우 잔뿌리를 모두 갉아먹어 큰 피해를 입을 수 있다.

2) 식재 후 일반 관리

① 관수

적합한 위치를 선정하고 토양을 알맞게 객토하였을 경우 별도의 관수는 크게 요구되지 않는다. 단 식재 초기와 비가 오지 않는 날이 계속되는 건조기에는 관수를 시행한다. 식재 초기에 유묘는 스프링클러 등을 이용해 관수하고 성목은 식물의 기부에 점적관수해 용토가 물로 충분히 다져지도록 한다. 건조기에는 나무의 상태를 살피면서 관수를 하되 보통 2주일에 1회 정도 시행한다. 한 번 물을 줄때는 땅이 흠뻑 젖도록 충분히 주는 것이 중요하다.

만병초의 새잎이 나오는 시기인 봄부터 초여름까지도 수목의 수분 요구도가 높은 시기다. 새잎은 조직이 부드러워 수분이 부족할 경우 잎 끝이 타거나 주름이 질 수 있어 미관상 좋지 않다. 한낮에는 일시적으로 잎이 처지는 현상이 나타날 수 있지만 습도가 높아지는 저녁시간이나 아침까지도 잎이 처지는 현상이 지속된다면 바로 관수하는 것이 좋다. 온도가 높은 낮 시간이나 바람이 많이 부는 날은 더욱 세심하게 관찰한다. 관수할 때는 스프링클러나 미스트를 이용해 공중습도를 높여주는 것이 좋다.

② 시비
만병초는 비료의 요구도가 적은 식물로 시비를 하지 않아도 생육에는 큰 지장이 없다. 오히려 과도한 시비는 뿌리 썩음이나 가지의 웃자람 발생 등의 부작용을 일으킬 수 있다. 따라서 적기에 소량씩 시비하는 것이 매우 중요하다. 시비는 새순이 나기 전 이른 봄과 순이 완전히 굳은 가을철에 시행하며 미량의 유기질 비료나 성분이 낮은 복합비료를 줄기 하부 주위로 뿌려준다. 만병초 전용 액비를 이용해 엽면시비하는 방법도 효과적이다.

③ 가지치기
만병초는 특별한 가지치기가 필요하지 않다. 단 연중 수시로 죽거나 병든 가지, 미관상 좋지 않은 가지 등을 발견하는 즉시 제거하면 된다. 특히 병충해를 입은 가지를 자를 때는 전정도구를 소독한 후에 사용하는 것이 좋고 자른 가지는 수거 후 소각해야 병충해가 확산되지 않는다. 꽃이 피고 난 후에는 만병초의 꽃자루를 잘라내 준다. 이는 열매를 맺는 등의 불필요한 영양분 소모를 사전에 제거해 나무를 건강하게 하고 다음해 꽃눈 형성에도 도움을 준다.

④ 병충해 관리
만병초의 뿌리는 주로 지표면에 분포하는데 잡초 제거를 위한 호미질 등으로 뿌리가 물리적인 손상을 입게 되면 이차적으로 병해충 감염의 원인이 될 수 있다. 따라서 만병초를 식재하고 난 후에는 토양 상부를 두텁게 멀칭 해서 잡초 제거를 수월하게 하고 뿌리에 직접적인 피해를 주지 않도록 예방해야 한다. 또 통풍이 잘되도록 나무와 나무 사이의 간격은 충분히 유지한다.

해충으로는 굼벵이, 진달래방패벌레, 잎말이나방 등이 있으며 여름철 고온 건조할

더운 낮 시간에 스프링클러를 이용해 관수하는 모습

때 응애가 발생하기도 하고 깍지벌레가 붙어 그을음병을 유발하기도 한다. 특히 남부지방의 경우 매미, 풍뎅이 등의 유충인 굼벵이 피해가 많이 발생하는데 정기적으로 살피면서 피해가 우려될 경우 토양살충제를 식재지 전 면적에 뿌려준다. 토양살충제는 가급적 비가 오는 날을 택해 살포하고 비가 오지 않는다면 살포 후 스프링클러 등을 이용해 충분히 관수하여 방제약이 토양 속으로 원활하게 침투할 수 있도록 해야 한다. 진달래 방패벌레의 경우는 나무에 치명적인 피해를 주지는 않지만 잎 뒷면에 붙어 즙액을 빨아먹어 잎을 누렇게 만든다. 미관상 좋지 않으므로 발생 즉시 수미티온 등으로 방제하는 것이 좋다. 새순이 나는 시기에는 각종 나방의 유충들이 새순을 갉아먹는다. 매일 관찰하며 벌레를 제거하거나 살충제를 살포한다.

참고문헌

• 김봉찬 외 8인. (2015), 『가든 & 가든: 주택정원·오피스정원 30선』. 도서출판 조경.
• 김종근 외 6인. (2014), 『테마가 있는 정원식물』. 도서출판 한숲.
• 신창호 외 5인. (2014), 『만병초 가드닝』. 국립수목원.
• Brickell, C. (2002), *The Royal Horticultural Society Encyclopaedia of Gardening*. London, UK: Dorling Kindersley Ltd.
• Brickell, C., Cathey, H.M. (2004), *The American Horticultural Society A-Z Encyclopaedia of Garden Plants*. New York, NY: DK Publishing, Inc.
• Cox, P.A. (1985), *The Smaller Rhododendrons*. Beaverton, OR: Timber press.
• Darke, R. (2002), *The American Woodland Garden: Capturing the Spirit of the Deciduous Forest*. Portland, OR: Timber press.
• Foster, F.G. (1984), *Ferns to Know and Grow*. Portland, OR: Timber press.
• Hodgson, L. (2005), *Making The Most of Shade: How to plan, plant, and grow a fabulous garden that lightens up the shadows*. Rodale Inc.
• Jones, D.L. (1987), *Encyclopaedia of Ferns*. Portland, OR: Timber press.
• Lowe, D. (1996), *Rock Gardening(The Royal Horticultural Society Encyclopaedia of Practical Gardening)*. Mitchell Beazley.
• Nash, H. (1994), *The Pond Doctor; Planning & Maintaining a Healthy Water Garden*. Tetra press.
• Robinson, P. (2003), *The Royal Horticultural Society Water Gardening*. London, UK: Dorling Kindersley Ltd.

참고사이트

• www.alpinegardensociety.net
• www.mossandstonegardens.com/blog/